U0614667

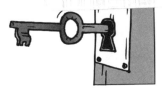

一个人是否具有创造力
是一流人才和三流人才的分水岭

事先想不到的事情，也就很难做到

提高你的创造力

翟文明 著

光明日报出版社

图书在版编目（CIP）数据

提高你的创造力 / 翟文明著 . -- 北京：光明日报出版社，2011.6（2025.1 重印）

ISBN 978-7-5112-1100-2

Ⅰ . ①提… Ⅱ . ①翟… Ⅲ . ①创造能力—研究 Ⅳ . ① G305

中国国家版本馆 CIP 数据核字 (2011) 第 066194 号

提高你的创造力

TIGAO NI DE CHUANZAOLI

著　　者：翟文明

责任编辑：温　梦　刘伟哲　　　　　　责任校对：文　蘽

封面设计：玥婷设计　　　　　　　　　封面印制：曹　净

出版发行　光明日报出版社

地　　址：北京市西城区永安路 106 号，100050

电　　话：010-63169890（咨询），010-63131930（邮购）

传　　真：010-63131930

网　　址：http://book.gmw.cn

E－mail：gmrbcbs@gmw.cn

法律顾问：北京市兰台律师事务所龚柳方律师

印　　刷：三河市嵩川印刷有限公司

装　　订：三河市嵩川印刷有限公司

本书如有破损、缺页、装订错误，请与本社联系调换，电话：010-63131930

开　　本：170mm×240mm

字　　数：215 千字　　　　　　　　　印　　张：15

版　　次：2011 年 6 月第 1 版　　　　印　　次：2025 年 1 月第 4 次印刷

书　　号：ISBN 978-7-5112-1100-2

定　　价：49.80 元

前 言

"事先想不到的事情，也就很难做到。"创造力是人类能力中层次最高的一种能力，它是一种对现状的突破力，是一种不走寻常路的魄力，是一种勇于超越的能力。

在这个优胜劣汰、竞争空前激烈的现代社会，创造力是制约个人、企业、社会生存和发展诸多因素中的核心因素，是促进组织或个人成功的最有效工具。个人能否在职场竞争中出类拔萃，企业能否在市场洪流中脱颖而出，社会能否在历史浪潮中阔步前进，从根本上来讲取决于有没有创造力以及创造力的高低。虽然创造力的高低在不同的环境下形式和内容各不相同，但对个人、社会和国家而言，创造力越高，所拥有的竞争力就越强，所占有的优势就越明显。

很多人认为自己没有创造力、年龄太大、不是专业人才、没有高学历、没有机会，等等。其实，他们都走进了思想的误区，美国著名发明家富兰克林在80多岁的时候发明了双聚焦眼镜，电话的发明者贝尔原来只是一个对电学一窍不通的中学老师，"发明大王"爱迪生只接受过3个月的正规学校教育……

实际上，我们每个人都拥有无穷无尽的创造潜能，它可以随时随地在我们的生活、工作和学习当中迸发出创意的火花。创造力是每个人与生俱来的潜力，然而能真正把这种天性发挥得淋漓尽致的人却极少。永远不产生疑问，永远不去思考，创造力的齿轮当然会生锈。而善于把握日常所有的机会，去磨炼思维，吸取经验，创造力就会毫不羞怯地延伸发展，成为永不枯竭的财富。创造潜能就像埋藏在后花园的宝石，需要你拥有一个善于思考的头脑和一种正确有效的方法去挖掘它。

本书在综合创造力领域最新研究成果的基础上，试图解开创造力的神奇密码。全书分为你有创造力吗、什么阻碍了你的创造性思维、再造你的大脑和思维、最重要的创造技能、提高创造力的方法、有想法才能有创造、你的想法付诸行动了吗等 7 个部分，以浅显易懂的语言探讨了创造力的内涵和现实意义，阐释了创造力的复杂机制，分析了影响创造力的因素，并且提供了发掘、提高创造力的有效方法和途径，帮助不同领域不同层次的人们突破思维定式，开阔思路，激发潜能，塑造创新意识，培养良好的创新习惯和思维，创造性地解决各种问题，拓展事业和生活空间，收获成功的硕果。同时也为企业和组织革新现状，突破困境，应对危机和挑战，提供了积极有效的参考和指导。

目 录

CONTENTS

第一章

你有创造力吗

如果你想成功，你应该去开辟一条新路，而不能总是墨守成规地沿着前人的老路走。人人都有创造力，创造性不仅仅只是限于少数天才，每个人都有潜在的创造力。创造力的运用、自由的创造活动，是人进步的阶梯，人在创造中能够找到自己真正的幸福。

1

什么是创造力

> 创造力是一种高度复杂的特质和能力。它包括具有创造性的人们具有的各种各样的品质，一般在解决问题的过程中显示出来。
>
> ——林传斯

很多人时常会感到苦恼，因为他们认为自己的创造力很匮乏。

这就引出了我们进行创造力提高训练的第一个，也是最基础的一个问题——究竟什么是创造力？

在回答这个问题之前，我们应当先想这样一个问题：到底是什么使我们感到苦恼？真的是如有些人想的那样，"我不是这块料"吗？还是由于别的什么原因？比如我们的思维方式束缚了我们的创造力？

你是不是一只搬仓鼠

我们大多数接受了学校教育的人，大都会有这样的一种思维：渴望被教育。

实际上，一个人从小到大所接受的知识，大部分都将被束之高阁，这些知识会在你的大脑细胞间和你捉迷藏，你或许一辈子再也找不到它们。

这不是在鼓吹教育无用论。知识的确是一个人想要生存下去所必须具有的东西。我们这里所特指的是那些永远会被束之高阁的知识，当然，它们也并非一无是处，至少它们满足了我们渴望被教育的心理，使我们觉得自己的大脑充实了。尽管永远用不上，但是我们就是感到头脑充实，所以很愉悦。

这种慰藉作用似乎在生物界很普遍，并不仅仅限于我们人类。田间地头经常会有一种搬仓鼠，它对食物充满了激情，总是不遗余力地把搜集到的谷物搬进它偌大的窝里，但是它一辈子也吃不完哪怕一小半自己搬回来的食物，而是眼睁睁地看着大部分食物腐烂。这些辛勤的劳动者就这样一代代地保留着这种自我慰藉的本能。这和我们的一些做法很像，不是吗?

我们中的很多人就是这样，总是在忙忙碌碌，总是在为所谓的充实而奔忙。他们如果搜集到足够多的知识，就会很欣慰，搜集不到就会很苦恼。他们所在乎的，似乎仅仅是一个学习与搜集的过程,而根本与创造不沾边。

你甘愿做一只搜集知识的搬仓鼠吗?

在回答什么是创造力之前，请你先回答下面的问题：你想成为一只搬仓鼠吗？你想成为一只忙忙碌碌、简单而"幸福"的搬仓鼠吗？

初识创造力

人们对于创造力的关注在很早以前就开

3

始了，但最早把创造教育视为现代教育的思想和哲学的人，是实用主义的集大成者、美国教育哲学家约翰·杜威。在进入到 20 世纪 40 年代以后，人们逐渐密切关注创造力，并且开始了系统的研究。20 世纪四五十年代，A．F．奥斯本和 J．P．吉尔福特开始提倡进行创造力的开发和创造心理学的研究。自此以后，创造力的研究自美国向其他国家蔓延，并不断地取得进展。

创造力是一种能力吗？的确是，但它又是与过程分不开的。没有一个完满的过程作为平台，创造力就无从谈起。但创造力又并不完全是一个技术型的展示过程，它包含的元素如此众多：与众不同、灵感、突发性，甚至包括幽默感。

有人试图用类似生物切片的方法来研究创造力，在刚刚开始的时候，创造力首先表现为一种对事实的清醒而正确的认识。很难以想象，如果在一开始的时候没有一个清楚的认识，创造力会如何展现！其次，创造力要求一个预期的过程与结果，尽管最终的过程和结果与这个预期可能相差十万八千里（这种情况经常出现），但是这个假想目标是必须存在的。接着，就是发挥大脑的能动性思维以及动手能力的时候了，例如创造新概念、新理论，更新技术，发明新设备、新方法，创作新作品，这些都是创造力的表现。

如果要给创造力下一个定义，我们倾向于这样的：创造力是一系列连续的、复杂的、高水平的心理活动，它要求人的全部体力和智力的高度紧张以及创造性思维在最高水平上进行。也就是说，创造力既是一种能力，又是一个过程，是脑和手的密切配合，是思维的超常运转。

创造力是人们产生任

创造力就是突破现状，独辟蹊径，并不断超越自己的能力。

何一种形式思维结果的能力。这些结果在本质上是全新的，在此之前，没有人知道有这样的事物出现。这种结果的形式不一定是有形的，有可能是一种新概念、新理论、新设想等，也可能是一种新技术、新工艺、新产品等。

创造力的操作性定义

现在更多的创造学专家越来越同意这样一个观点：有没有创造力和创造力是否表现出来并不是一回事。创造力是一种静态的、内在的思维或能力，它提供创造主体产生创造性产品的可能性，跟是否实际生产出产品是无关的。也就是说，我们只能从创造性产品的新颖性、独特性来判断一个人的创造力的各种因素，而不能依据它来判断人们是否拥有创造力。

实际上，真正具有创造力的人，并不刻意追寻创造力，或者试图闭门造车，硬生生地憋出一个创造力来。创造力是强求不来的，就好像母鸡不能生出鸭蛋来。具有创造力并会运用创造力的人，会把创造性思维作为一种思维方法，把创造激情作为一种生活的态度。这是一种潜移默化的过程，是一种最为理想的状态。

莫扎特在给一个朋友的信中写道："那些以为我的艺术对于我来说来得十分容易的人错了。我亲爱的朋友，我向你保证，没有人像我一样对作曲花费如此之多的时间和精力，所有名人作的曲子我都花费了很多时间辛苦地研究过……"莫扎特在自己28岁的时候，由于把所有的时间都放到了练习、表演和握着羽毛笔的作曲上，以至于双手都变形了。

一个富有创造力，而且不懈地提高自己创造力的人，必然会在不断的实践中改变自己，在独立的思考和发现中取其所需，在思辨的过程中艰难地确立自己。

2

创造力的六大特征

> 如果你想成功，你应该去开辟一条新路，而不能总是墨守成规地沿着老路走。
>
> ——约翰·洛克菲勒

社会学家和心理学家们经过研究，发现创造力有以下六大特征，它们分别是：独特性、破旧性、探索性、叛逆性、灵活性和发散性。这六大特征是紧紧联系在一起的。

独特性

毫无疑问，创造力最大的特点在于它与众不同。

公司名称作为一个公司的象征，往往具有十分重要的作用。作为日本在全球创立的价值最高的品牌，Sony（索尼）公司创业之初有一个不太吸引人的名称，叫作"东京通信工业"。后来，创办人盛田昭夫与井深大决定将公司改名。他们希望新定的公司名称能成为一种品牌，并且简短好记。在翻阅了大量的资料之后，他们发现拉丁文"Sonns"

有表达"声音"的意思，而他们公司的产品跟"声音"有很大的关系，于是就将它译成英文"Sonny"。但是在日文里，"Sonny"的读音恰好跟"损失金钱"一样，最后经过慎重的讨论，他们决定删掉一个字母，于是就有了"Sony"。

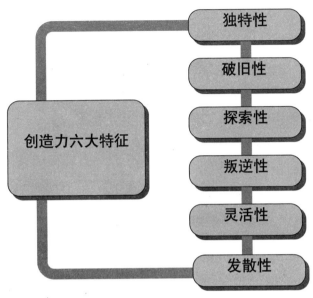

从1878年起，Kodak（柯达）公司一直引领着世界影像行业的发展。这个公司的创始人，年轻的银行职员乔治·伊斯曼在为自己的公司改名的时候想得比Sony公司的领导们更简单，他要的只是与众不同。在此之前，英语中没有"Kodak"这个单词，这个词自然也没有任何意义，而且没有读音与之相似的词。但是今天，这个词已经被赋予了全新的意义——它在某种程度上意味着与众不同的创造力的又一次胜利。

智利一家经营出色的餐厅，除了收银员和厨师之外，其他的服务员都是动物。顾客在刚进门的时候，就会有两只鹦鹉分别用几种不同国家的语言向顾客问好。然后，一只金丝猴会上来为顾客脱去外套，并把它挂起来。当顾客坐好之后，马上会有一只长耳犬叼着点菜单，让顾客点菜。传菜和茶水的工作则会由系着围裙的长毛猴来做。当客人要离去的时候，金丝猴会把客人的衣帽送还，并且索取餐费。这种十分独特的服务吸引了成千上万国内外的就餐者，饭店自然是财源滚滚。

我们很容易看到，有人的创造力之所以能够取得成功，在很大程度上是因为他们做到了与众不同。

破旧性

创造力之所以能够产生全新的东西，之所以能够做到与众不同，就是因为它的"新"："新"点子、"新"方法、"新"观念，而这些"新"恰恰是在破"旧"的基础上立起来的。

但是很明显，做到这一点十分困难。所以，美国经济学家约翰·梅纳德·凯恩斯曾说："世界上最难的事情可能并不是让人们接受新鲜事物，而是让他们忘掉原来的旧观念。"

1984 年洛杉矶奥运会让全世界记住了一个人的名字：尤伯罗斯。

在 1984 年以前，几乎没有国家愿意做奥运会的举办国，原因在于举办奥运会的国家将承受沉重的财政负担。1976 年举办蒙特利尔奥运会的加拿大亏损 10 亿美元，直到 2003 年才把这一债务还清；1980 年莫斯科奥运会的总支出为 90 亿美元，苏联为此欠债无数。

但是到了 1984 年，美国商业奇才尤伯罗斯利用自己超人的创新思维，改写了奥运经济的历史。他卖掉了自己的旅游公司的股份，把奥运会商业化，进行市场运作。在短短的 10 天里，第 23 届奥运会总支出 5.1 亿美元，盈利 2.5 亿美元。

跳高比赛中优雅的背跃式跳法由福斯贝里在 1968 年墨西哥奥运会上首次采用，不过那时候人们普遍认为这个姿势十分丑陋。在此之前，跳高运动员们采用的都是跨越式或俯卧式。

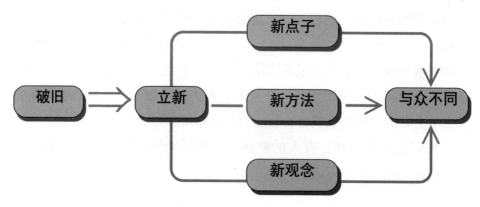

在福斯贝里跳高开始之前，观众已经被告知，这位美国运动员将要采用一种十分古怪的姿势跳高，许多观众都等待着看他的笑话。当福斯贝里用背跃式方法轻松越过 2.24 米高的横竿、夺得跳高金牌的时候，人们都不敢相信自己的眼睛。

直到很长时间后，福斯贝里跳高姿势才最终被大多数运动员所接受，虽然今天它已经成了跳高的首选方式。

尤伯罗斯和福斯贝里都是拥有强大的创造力的人物，他们都具有很大的勇气去破旧，因为他们的独创之举将有不可预测的风险。但他们之所以成功了，也正是因为他们选择这么做了。

探索性

"所有取得成就的科学家的成功都源于对神秘的宇宙的兴趣和规律的探索。"爱因斯坦如是说。

换个简单的说法，就是要想取得成功，就要有打破砂锅问到底的态度和精神。

虽然从事商业的人士可能并不迫切需要这种态度，他们只希望别人掏钱来购买自己的产品。但是这也是另一种意义上的探索：必须想方设法探索新的生财之道。

奥的斯电梯公司在这方面做得十分出色，虽然他们只不过付出比同行多一些的努力。一般的电梯都是直上直下，当用户乘坐电梯到达目的楼层的时候，中间可能停了 5 次，甚至 10

不同寻常的想法，不同寻常的点子，不同寻常的眼光，不同寻常的招法，你拥有这些走不同寻常路的魄力吗？

次。在人多的地方，等电梯的人会越来越多，而增加电梯的成本却又十分昂贵。这个问题让客户们大伤脑筋，但在纽约时代广场这个问题得到了比较令人满意的解决。

奥的斯电梯公司在提供的一组电梯的中央控制面板中键入用户需要抵达的楼层，然后电梯系统会做一个分类，建议用户乘坐哪一部电梯将会更快地到达目的楼层。在到达了目的楼层之后，电梯会直接返回大厅。这样，奥的斯电梯公司帮助客户用更少的电梯做了更多的事情。这个改进虽然很小，但却是别的同行没有做到的。

甲壳虫乐队在一开始的时候似乎并不是很受欢迎，虽然他们的演唱水平很高，他们的歌曲却总是进不了全国唱片的排行榜。

他们的经纪人想了一个办法来帮助他们打开局面：他们自己购买自己的唱片，并且到缺货的商店屡次询问到货时间，还向电台、电视台询问购买甲壳虫唱片的邮购地址。

这出好戏的结果是甲壳虫乐队的声望骤然提高，甚至成为一种世界性的音乐，影响了一代人的生活方式。

所有希望自己拥有或展现创造力的人，都需要有探索的勇气和准备——创造力需要积极的探索。

叛逆性

那些擅长创造的人总是被认为是"离经叛道"，这或许正是他们成功的原因。

20 世纪 60 年代的西方社会，

随大流、一窝蜂是看不到风景的，因循只能守旧，故步只能自封。

时装的说话权不再由成年人垄断，青春的气息开始笼罩弥漫。在那个时候，女性的及膝裙似乎已经是人们能够接受的底线，但是玛莉·昆特却做出了"离经叛道"的事情：她让及膝裙变得更短。1965年，玛莉·昆特设计的迷你（Mini）裙短至大腿，一问世便受到保守分子的非议，认为这是要引人犯罪。他们更不会想到，玛莉·昆特设计的超短热裤在70年代更是大行其道，时装的年轻化趋势锐不可当。玛莉·昆特所掀起的迷你裙热潮风靡全球，也令伦敦成为时尚圣地。而如今，全世界满大街都是迷你裙的天地。

在18世纪中期的化学领域，燃素说处于支配地位。1774年，英国一位叫作普里斯特列的科学家分析出一种气体，这种气体完全不符合燃素说，于是他称之为"无燃素气体"。他完全可以推翻燃素说而建立氧元素的新概念，但是他仍然生搬硬套地把新的发现纳入到旧的观念之中。后来，拉瓦锡重复了他的试验，却摆脱了燃素说的束缚，明确提出了氧元素的概念，从此创立了氧化学说，导致了一场化学界的革命。

很多人像普里斯特列一样，由于缺乏摆脱传统思维的勇气和毅力，让成功从自己的鼻尖溜走。很多时候，创造力需要更多的"不走寻常路"的思维方式。

灵活性

创造性思维是开创的、发散的、随机的，也是灵活的。与此相对应的是常规性思维，它是保守的、束缚的、固定的，缺乏灵活性。

英国剑桥大学附近有一条河，河水很清澈，经常有人在河里游泳。一位教授在黄昏去那洗澡，正洗到一半的时候，远处有几个他的女学生坐着船过来了。河水太浅了，不能够让教授躲在水里。

如果是你，你会怎么做？你会遮住你的哪一个关键部位？

那位聪明的教授拿起手里的毛巾，把自己的脸给包了起来。因为

创造性思维	常规性思维
开创的	保守的
发散的	束缚的
随机的	固定的
灵活的	缺乏灵活性的

她们只认识这张脸。

天下无难事，只怕有心人。很多人在遇到了挫折之后，总是为自己找出许多理由。殊不知很多事情并非没有办法做到，而是你不够灵活，或者说你没有创造力。

很多人认为无论怎么努力，下面这个交易也没有办法实现：把梳子卖给和尚。

有三个营销员接受了这个挑战。

营销员甲千辛万苦地找了成百上千个和尚，最后终于有人被他的诚心所打动，买了他一把梳子。

营销员乙对寺院的住持建议说：蓬头垢面地敬拜菩萨是不敬的，您可以在每座香案前面都放一把梳子，供他们梳头，结果他卖出去10把梳子。

营销员丙对寺院的住持说：拜佛者心怀虔诚，进香上贡，寺院应该有所回报。您可以在我的梳子上写上"积善梳"三字，赠予拜佛者。结果他卖出去100把梳子。

具有创造性思维的人不会随意断定某件事情有多难，而是会从与众不同的角度去考虑，运用独特的方式去尝试。

发散性

创造力的第六个特征是具有发散性，这是创造性思维的核心所在。

发散指的是对一个问题尽可能多地提供可能性，从一个点向四处发散，以寻找各种不同的答案，就好像一个小小的回形针可以用来做各种不同的事情一样。

创造力的发散性提供各种不同的可能性，从而让很多问题迎刃而解。

20世纪美国在发射载人宇宙飞船时遇到了一个技术难题，即如何保证宇航员从轨道上安全返回。宇宙飞船以大约每秒5英里的速度从太空返回的时候，会和大气层发生剧烈的摩擦，使飞船上的大部分材料完全汽化，宇航员当然就无法安全返回。

创新者无一不是走在众人的前面，敢为人先。

一开始，美国国家航空航天局认为如果寻找到一种能够抵挡住3500摄氏度的高温材料，问题就能得到圆满的解决。这种设想很好，但是关键在于地球上根本没有这种材料。因此，许多人认为要实现宇宙飞船安全着陆是不可能的事情了。

不过，后来事情发生了变化。科研人员放弃了寻找高温材料的单一思维模式，而是用陶瓷制造了一种可以磨削的隔热罩。在宇宙飞船重返大气层的过程中，这个隔热罩会不断地燃烧，在它汽化的过程中，会带走飞船和宇航员周围的热量。正是这个与一般的思维毫不相同的方案，创造性地解决了宇宙飞船安全着陆的问题。

3

人人都具有创造力

> 创造性不仅仅只是限于少数天才，每个人都具有潜在的创造力。
>
> ——J.P. 吉尔福特

创造力潜能

法国 17 世纪古典主义文学代表作家莫里哀曾经讲过这样一个故事：有一个乡下人问别人什么是散文，当别人告诉他之后，他惊讶地发现原来他自己一直都在用它。创造力对很多人而言也像散文之于这位乡下人一样。世界上现在有一半人认为创造力是一种非常神秘且高不可攀的能力，它们似乎只眷顾那些天才的殿堂，而不会成为普通人的客人。

但实际上，每个人都有创造的潜能。科学研究表明，创造力是人的大脑长期进化的产物，是现代人类大脑的一种自然属性，就好像呼吸一样。从生理学上说，人类具有无限的创造潜能。首先，发育中的人脑结构具有极大的可塑性，大脑的变化将导致学习、记忆、行为以及精神等神经系统功能的变化。更加重要的是，大脑的可塑性具有终生性的特征，这使得神经系统形态与功能具有发展的巨大潜力。

可以发现，我们身边的人个个都有创造力：学生用一种较为简单的方法解决了一个数学难题，这是学习方面的创造力；汽车工人使用一种先进的方法来提高工作效率，这是工业的创造；企业管理者想出了一些新方法、新举措，这是企业管理的创造；而作家和艺术工作者创作出作品，则是文艺方面的创造。正如心理学家特里萨·安贝丽所说的那样："我们对于创造力的思考日趋狭隘，我们通常将创造力仅仅局限于一定的范围和对象，比如：艺术家、音乐家、诗人和电影制片人是有创造力的。不过事实上，一个厨师发明了一道新菜，一个泥瓦匠设计了一种新的砌砖方式或能够用较少的材料完成相同的工作，这同样也是创造力的表现。"

每个人都有创造的潜能，生活中不乏创造力丰富的人。

日本丰田公司不仅有专门的产品创新部门，而且还成立了各种形式的创新小组，借此激发员工的创造力。仅 1975 年，公司就收集到来自员工的 881488 项发明设想，直接经济效益达到了 160 亿日元。丰田的一位员工这样描述他自己的改变："我们现在对在工作时遇到的很多问题都有追求更好的习惯，我们在做一项工作的时候，总是在想是否可以做得更好？是不是最节约成本？可不可以完成得更快？"

更早注重于员工潜能挖掘的公司是美国通用电气公司，它早在 1938 年就开设了全世界第一家"创新工程"的课程，接受了这种课程的职员的创新发明能力提高了 3 倍，而公司自然也受益匪浅。

美国一家饭店的**老板**向员工宣布：为了提高饭店的营业率，每个员工必须至少提出一个**建议**，否则就要被炒鱿鱼。一个女清洁工为此十分苦恼，因为她知识水平十分有限，也从来做的都是简单的工作，似乎谈不上什么创新。一天，她在打扫饭店门口的时候，发现饭店门口的塑像挡住了顾客，大多数人没有选择从饭店门口经过，而都往大街外面走。她想：如果把这个塑像摆在外面一点，也许会有更多的人选择从饭店门口经过。到了必须上交点子的时候，她硬着头皮把这个点子交了上去。让她很意外的是，饭店马上采纳了她的建议，并且果真提高了业绩，她本人也因此获得了 5000 美元的奖励。

由此可见，创造并不是多么难的事情，重要的是我们要好好利用自己的潜能，有针对性地提高自己的创造力。

我们和天才的差别

虽然人人都有创造力，但是却必须承认，一般人和天才的创造力还是有差别的。

这种差别主要表现为思维能力的差别。研究表明，杰出的专家学者对大脑的利用率达到了 30%，一般人则仅仅为 10%。他们一般都非常积极地思考问题，从见到的每一样东西上获取灵感。他们思考的问题，有可能是高深的专业问题，也有可能是身边常见的一个东西，但是他们一定会从和常人不同的角度、用不同的方法去对之进行思考。他们有超越

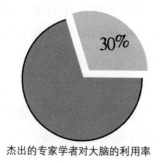

杰出的专家学者对大脑的利用率

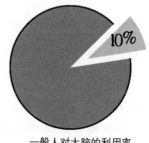

一般人对大脑的利用率

一般人的想象力、异乎寻常的专注力、惊人的记忆力，他们会就一个问题进行长期艰苦的思考和探索，最后才形成一个伟大的想法。

心理学家阿瑞提按照创造力作用的不同，将其分成普通的创造力和伟大的创造力两类，并且认为每个人都具有普通的创造力，它能使人获得满足感，消除受挫感，为人们提供一种对于自己以及对于生活的积极态度；而伟大的创造力则是指像牛顿、爱因斯坦那样的，能给人类创造伟大的成就和推动社会进步的创造力。从这个角度来说，正是那些能够产生伟大创造力的普通人被人们视为了天才。

洛克菲勒说："如果你想成功，你应开辟出一条新路，而不能总是墨守成规地沿着前人的老路走……即使你们把我身上的衣服剥得精光，一个子也不剩，然后把我扔在撒

伟大的创造力造就伟大的人生。

哈拉沙漠的中心地带，但只要有两个条件：给我一点时间，并且让一支商队从身边经过，那要不了多久，我就会成为一个新的亿万富翁。"

我们仿佛看到一个一无所有的高大身影，屹立在同样寸草不生的沙漠上，自豪地向平庸宣战："我能创新，我必成功！"

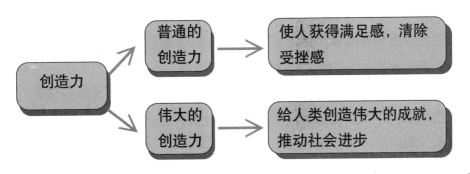

创造性思考与生存

如果可能，那就走在时代的前面；如果不可能，那就同时代一起前进，但是决不要落在时代的后面。

——瓦列里·布留索夫

创造力推动社会进步

人类社会发展的历史就是不断创造的历史。从人类祖先发明第一件工具到飞机、计算机的诞生，这一漫长的历史过程就是人类永不停止的创造过程。一切都是由创造力推进的。创造力就像是万物发展的一台马达，人类如果不会创造，就不会有人类的历史。

现在的人类社会已经进入了创新时代，人类的创造力比以往任何时代都更加快速地发展着。信息化时代的到来，知识、信息爆炸，新的职业、新的技术以前所未有的速度不断地产生和发展，人类的思维方式、生活方式和工作方式也随之发生日新月异的变化，我们的身边充满了观念创新、知识创新、技术创新、能力创新、制度创新、管理创新等有关创新的词汇。无论是个人还是团体，都感到如果自己一成不变，那么前途必定岌岌可危。发展创新思维，直接关系到每个人事业的成败。

成功的创造性活动的贡献	
历史上的发明	有助于提高人们的生活水平，为后继发明奠定基础，并为精神文明生活的发展奠定基础。
科学和知识进步	提高人们的思想水平，增强人们的精神力量，进一步推动物质文明的发展。
改革和革命	较大的创造实践，能推进社会全面发展。相反，历史上保守和忽视改革创新的国家总是逃不掉被欺凌，甚至灭亡的后果。

创造力与个人发展

玛丽和凯恩是大学同学。凯恩毕业后去了一家薪水很高的公司，并且一直在那里平平稳稳地待了 20 个年头：他每三年就会被升一个级别，薪水当然也得到相应地提高。最后，他终于做到了副总经理的位置。不过，他虽然经验丰富，但是也做到了头：老板觉得他已经没有发展的空间，把他扫地出门了。

玛丽跟凯恩的性格截然相反。她一开始的起点很低，只是拿了凯恩 1/3 的薪水。在过去的 20 年里，她总是不断地向老板和上司提出一些古怪的想法。虽然上司总是对她说"这个想法不切实际"或者"你怎么会有这样的点子"，但是她依然我行我素。不过，上司也采纳了她许多可行的点子和创意。最后，玛丽决定离开这家公司，去别的公司试试。幸运的是，当那家公司看到她的简历之后，她马上得到了一个经理的职位。"这是一个新的起点。"玛丽说。

玛丽和凯恩两个人的事业线有太多的不同。最根本的是，玛丽是一个富有创造性的人，因此她也更加具有价值。在现在的社会就是如此：你可能因为过于"安全"而遇到"危险"，也有可能因为非常"危险"，反而更加"安全"，这都跟你的创造力有关。

作家需要创作一部小说，画家需要画出一幅艺术作品，商人需要想法完成一笔交易，建筑师需要解决一个技术上的难题，父母希望自己的孩子变得更加聪明、健康，都必须得到创造力的帮助。有人在想方设法用新花样获得女友的芳心，有人想要考试取得高分，有人想用最低的价格买到最喜欢的房子，这些都是需要在创造力的帮助下才能完成的事情。创新已经完全融入到每个人、每一件事情中去了。

创造力在商业竞争中

现代社会的商业竞争是一个充满了火药味的战场，领导者的压力、客户的压力、竞争者的压力，使得许多人感到透不过气来——不过，仅仅如此恐怕还不可怕，真正可怕的是还要面临失败的局面。

唯一的出路只有创造。创造全新的产品、服务，创造高效的管理、生产，创造真正的竞争力。如果失去创造力，今天活跃在商业舞台上的公司绝大多数将会被商业竞争的大潮吞灭。一场新的游戏正在并已经进行，它就是变革，而创新是它的游戏规则。故步自封、得过且过的时代已经一去不复返了。

谁聪明谁才能赚，谁独特谁才能赢。

因失去创造力而"死"去的公司数不胜数，可以确定的是，那些各行各业的大公司之所以能够存活下来，最根本的原因是一直保持着鲜活的创造力。

美国乃至全球最大的零售商沃尔玛，它的发家就是因为桑姆·沃尔顿和他的兄弟的与众不同的创造力。

1962年，当沃尔顿兄弟把他们的首家折扣商店开在阿肯色州的一座小镇的时候，完全没有人看好这一举措，许多专家和商家都认为折扣商店只有开在大城市才能获得成功。然而，沃尔玛却用了不到30年的时间就取代了原来长期的霸主西尔斯公司，从而成为全美最大的零售商。

沃尔顿兄弟的创造力表现在，他们选准了一个为人们所不看好的角度和方式。

占有世界剃须刀市场份额65%的吉列公司永远在不知疲倦地创造着新的产品，它的许多创造都是在不断的否定中产生的。20世纪60年代初，威尔金森刀具公司推出了不锈钢刀片；70年代，威尔金森又推出了黏合刀片，这些举措对吉列公司造成了很大的威胁。为了争夺市场，吉列公司马上对竞争对手进行还击，而且一次比一次有力。

吉列公司首先推出了世界上第一把双刃剃须刀——"特拉克"II型剃须刀，并在广告词中说"双刃总比单刃好"。在此之前，吉列公司的刀片都是单片的，他们实际上是自我否定了公司以前的产品。而那些老顾客很快就开始购买它的新产品，并且一致认为这种双刃刀片"比单片的超级蓝吉列刀片好用"。

吉列公司当然不会满足于已经取得的成绩。6年后，它推出了第一个可调节的双刃刀片，再次否定了"特拉克"II型剃须刀。紧接着推出了一次性双刃剃须刀，成功占领了一次性刀片的市场。而最近，吉列公司又推出了"皮沃特"一次性可调节剃须刀，再次对自己的产品进行了创新。

5

创造性思考充满乐趣

创造力的运用、自由的创造活动，使人在创造中找到幸福。
——马修·阿诺德

为什么要有创意

如果我们问身边的人几个问题：

你最近一次创意是在什么时候？

是什么样的创意？

你为什么会有这个创意？

我们得到的答案多半会是创意帮助自己解决了一些琐事——当然，也有可能是一件大事。但是我们也可能被告知："我的最新的创意是在一年以前，那天我发现了一个打发上班时间的好方法。"

作如此回答的人多半是"一切都好"的人，似乎没有理由让他去创造什么新点子。对于这样的人，我想告诉他上文中出现的凯恩的故事，因为凯恩原来就是属于"一切都好"的人。

创新有时意味着承担风险，意味着在别人面前显得愚蠢，甚至有可能意味着失败，而这些似乎并不大受到人们的欢迎。当我们有了一个点子，请教专家这样做是否可行的时候，许多人通常会斩钉截铁地告诉我们："这是不可能的！"

我们提出上面那几个问题，实际上是为了回答这样一个问题：为什么要有创意？

享受创造的乐趣

如果把创造比作烹制一顿美味佳肴的话，那么"热情"无疑是其中很重要的一个因素，心理学家将之称为内在的动机，就是那种纯粹为了自身的愉悦而焕发出的激情。与之相对的是外在的动机，即你并非自己愿意去做某件事，而是为了获得某种回报，让某人高兴而不得不去做。

只有当人们为了获取某种创新时的乐趣的时候，创造力的发挥才最让人高兴。同样，只有当人们纯粹为了获取某种创新时的乐趣时，创造力才能得到最大限度的发挥。创造力往往来自于对某种事物的热爱，沉浸在创造中的人就像坠入了爱河。一位诺贝尔物理奖得主曾经被问具备和不具备创造力的科学家的最大区别是什么，他回答说，他们的工作过程是否充满了"爱"的感觉。

我们中的大多数人没有办法切身体会发明电灯时爱迪生所感到的那种愉悦和满足，但是类似的感觉一定都有。你可能刚解决一个数学难题、一件烦人的家庭琐事，或攻克一个

享受创造的乐趣，在创造中找到属于自己的幸福。

技术难关，这些事情对你来说，也许并不亚于黑暗对于爱迪生的困扰，而当你解决这些问题的时候，你一定也会感到一身轻松、身心愉悦。

即使在你潜心解决问题的过程中，你也会感到一定程度的愉悦。这个临界点是最困难，同时也是最富有挑战性的时刻。影响我们从创造性思考中获得乐趣的重要原因之一是，我们的点子通常不被承认为好点子。那些颐指气使的人通常把我们的点子跟产品中的次品相提并论。问题的关键在于，产品的好坏的确有一个质量标准，而点子本身并无特定的标准。也许对辛辛苦苦想出点子的我们而言，最重要的并不是点子的"质量"好坏，而是享受点子产生的过程。

创造性思考充满了乐趣，而这种乐趣不需要别人的承认。

海伦·凯勒又聋又哑，但她却能够克服巨大的困难，从识字开始一直到写出大量的作品。也许对她来说，正是困难越大，她所体会到的乐趣也越多。那些遇到巨大的困难仍不放弃的人们，他们坚持创造的动力不仅仅是强大的信念——他们也在这一过程中享受到了创造的乐趣。

比尔·盖茨认为"创新是一种力量，是幸福的源泉"。英国著名哲学家罗素则把创新看作"快乐的生活"。苏联教育家苏霍姆林斯基也认为"创新是生活中最大的乐趣，幸福是在创新中诞生的"。他在《给儿子的信中》曾提到："生活的最大乐趣寓于与艺术相似的创造性劳动之中，寓于高超的技艺之中。如果这个人热爱自己的事业，那么他一定会从他的事业中得到很多美好的事物，而生活的快乐也就寓于此。"以上种种论点都揭示了创新与幸福的内在联系，说明了创新是生活幸福的动力。

幸福来源于物质生产和精神生产的实践中，由于感受到所追求目标的实现而得到精神上的满足。然而，怎样才能得到这样的满足呢？答案是劳动和创新。人们的需要是不断发展和提高的，低层次的需要满足了，又会产生高层次的需要。要满足人们不断提高的需要，实现人们的幸福追求，就要靠创新。

什么阻碍了你的创造性思维

能够使自己的生命闪光的人，绝不是由于模仿，而是由于创造；不是由于追随，而是由于引导。你应当立志做一个有主张的人、一个有思想的人、一个时刻求改进的人、一个创新的人，这样的人，无论何时都可以立足于社会。

1

你的答案是什么

> 如果学生在学校里学习的结果是使自己什么都不会创造，那么他的一生都将永远是模仿和抄袭。
>
> ——列夫·托尔斯泰

海军女少将格蕾丝·霍普接到一个任务——向一群知识水平不高的人解释"微秒"的含义。她是这么想的："我怎么告诉他们一微秒十分短暂呢？我何不将这个时间问题转化为看得见的空间问题呢？我可以用光速在十亿分之一秒内完成的路程来做解释。"于是她拿出一条11.8英寸的绳子，告诉他们说："这就是一微秒。"

印刷机的发明者约翰内斯·古登堡像许多人一样，见惯了榨酒机和硬币冲压机，不过他的想法稍有不同。一天在喝完了几杯葡萄酒之后他问自己："把一大堆硬币冲压装置放在榨酒机下，不知道会不会留下图像呢？"之后，他用这种组合发明了印刷机。

富有创造力的人的例子不胜枚举。但问题是，我们这个世界上的更多的人是一种什么状态？他们是不是像聪明的霍普女少将、古登堡一样，能够经常得出与众不同的想法呢？

让我们先做一个测试：

（1）右面是罗马数字 7，要求只加一笔将它变成 8。　　　　VII

（2）右面是罗马数字 9，要求只加一笔将它变成 6。　　　　IX

想到答案了吗？第一个问题似乎很简单，你只需要在右边加一竖，就可以把 7（VII）变成 8（VIII）。但是第二个问题就有些难了。

第一种方法是在中间加一条横线，然后将数字倒过来，遮住下面的部分，你就可以得到罗马数字 VI。如果你是这么做的，那么表示你很聪明。

第二种方法是在"IX"的前面加英文字母"S"，这样就得到了英文"SIX"（6）。这样做已经从"罗马数字"这个限制中走了出来，很多人想不到这一点的原因是"VI、VII、VIII"，将人们的思维限制在了罗马数字中。如果你这么做了，说明你很有创造力。

还有第三种方法，那就是在"IX"后加一笔"6"（1X6 = 6）。这时候"IX"既不是一个罗马数字，也不是两个英文字母，而是数学中算式的一部分。如果你这么做的话，说明你也很有创造力。

美国的一个学校曾经用这个测试做了一个实验，参加实验的 100 个学生中，100% 的同学都答对了第一题，但答对第二题的仅有 45%，而且大都是用的第一种方法，仅仅有 2 个学生用了第二种方法，没有人用到第三种方法。

做一个更加简单的测验：W

请说出你看到上面这幅图时第一时间内所想到的。

某大型网站对这个测试的结果进行了统计，结果如下：60% 的人想到的是罗马数字，25% 的人想到的是早稻，15% 人想到的是厕所，没有人想到其他的东西。

究竟是什么使人们都趋向一致，毫无新意？为什么大多数人都不能想得与众不同？

创造学专家、心理学家、社会学家都在思考这个问题，而这个问题也是本书这一章将要解决的问题。

2

逻辑思维和创造

> 如果我继续按照自己原来的思路考虑，可能还要花几个月，甚至是几年的时间才能找到正确的方法，但是最终我在一瞬间解决了这个问题，那时候我正在吃早餐。
>
> ——约翰·E.威廉斯

逻辑思维

人的大部分想法和点子都是逻辑思维的结果。逻辑思维指的是在思维过程中借助于概念、判断、推理等思维形式能动地反映客观现实的理性认识过程。如果有人说"接下来……""因为……所以……""理论上说……"，那么他多半是在用逻辑思维思考问题了。

我们并不打算否定逻辑思维的作用，实际上，我们坚信在创造的过程中，逻辑思维也具有十分重要的地位。科学家之所以能够有所发现和发明，在很大程度上都得益于逻辑思维。那些有成就的哲学家也是逻辑思维的高手，甚至创作出诸多艺术作品的艺术家也是。

逻辑和分析是学校教育最大的成果。教育家爱德华·狄博罗曾说："如果有人说他学会了思考，我们一般都会认为他是说他学会了有逻辑地思考。"

逻辑思维和创造

过分地依赖逻辑思维只会限制人的思维发展，如有些蹩脚的专家对一个新产生出来的点子会振振有词地告诉你：这不合逻辑。他们希望你能够提供某种可供解释的、具有逻辑性的理由，而创意可能根本没有理由，它只是一个灵感的突现。

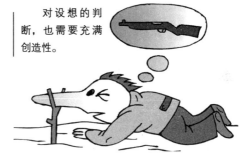

对设想的判断，也需要充满创造性。

在创造的领域，似乎更需要非逻辑思维——天马行空的想象并不需要遵循因果联系、时间先后、判断推理等思维规则。所谓的"这不合逻辑"，实际是忽略了大脑中最有弹性、最珍贵的产物——直觉和灵感，它们有时候会使你在瞬间产生一个全新的、独创性的想法，跳跃性地得出结论，而这可能跟任何东西都没有逻辑关系。人的大脑总是在不断地记录、不断地连接、不断地存储，然后将你需要的信息汇总起来，而这些信息之间可能毫无逻辑关系。难道你要因为这一点舍弃你的想法？

"有一些看起来不符合逻辑的办法反而能够把事情干得更好。"作家拉里·贝尔里斯顿说，"比如在快速阅读的时候，可以快速地抓住文章的关键内容，在数秒就了解整篇文章的意思，而根本不用每个字、每句话、每一段地进行阅读。"

1960年，雷·克洛克用270万美元买下了麦当劳面包店。当时，几乎所有人都认为这是一笔失败的交易，几个汉堡包摊点及它们的名字实在不值这个数。很明显，他们是从普通逻辑的角度进行分析而得出这样的结论的，但克洛克却坚持自己的意见，他说："我的第六感告诉我这么做是对的。"如我们所看到的那样，克洛克成功了，现在的麦当劳每年的销售额已经达到了几十亿。

3

扼杀创造力的思想陷阱

> 自然界没有严密的分隔。每种现象都在起作用并受到其他现象的影响。
>
> ——西奥多·库克

专业限制的危险

你怎样看待你面前的世界？或者说，你能否全面地看待你面前的世界？

面对一棵树，不同的人对它有不同的看法。植物学家会把它看成一个不断在进行着呼吸和光合作用的生命体，画家会把它看成光与影的造物，文学家会把它作为一种精神，环境学家会把它视为我们这个星球越来越小的肺上的一个小肺泡……而且每个人都把自己的看法视若真理。

这或许的确是真理，但却绝不是真理的全部。

这实在是一个讽刺，我们的文明程度越进步、越深入，学科的划分越精细，人类就越好像是在把这个世界改造成一个致密的蜂巢，所有的人只能在自己的一个或几个巢洞中生存。渐渐地，许多人产生这样一种幻觉：这个世界，不过就是一个或几个巢洞那么大。

这是一种相当危险的思想陷阱，一旦你不小心掉入一个巢洞中爬不出来，那你所看到的世界就只有洞口那么大小。在这样的陷阱之中，创造力就可能被扼杀。

正在研制电灯的爱迪生有一天忽然心血来潮，想知道一只电灯泡的体积，于是他叫来了助手卡普拉。

卡普拉在大学学习的专业是数学，对于算体积这种小儿科的问题自然是信心满满。

但是真正下手做起来，卡普拉发现事情似乎没有那么简单，他手上的这只小小的电灯泡形状完全不规则，说是球体算不上，说是圆柱体也不对。

卡普拉绞尽了脑汁，用尽了自己从课堂和书本上学到的所有知识，又是测量直径，又是计算周长，

不要掉进扼杀创造力的"专业"陷阱中。

光公式就列了满满十多张纸，却始终无法得出答案。最终，卡普拉垂头丧气地去找爱迪生。

爱迪生看着电灯泡，想了一会儿，叫卡普拉端来了一盆水，然后爱迪生把灯泡浸到盆中灌满水，再把灯泡里的水倾倒入量杯，看一看刻度，便轻而易举地知道了灯泡的体积。

卡普拉是数学高才生，而爱迪生却只不过上了 3 个月的学。

从这个例子中，我们不难发现刻板的专业思维对于一个人创新能力的限制。卡普拉长期沉浸于自己的专业中，在一定程度上也禁锢了他的眼光和头脑。他具有的是一个数学的头脑，这个头脑再厉害也不过是一台十进制计算机的水平，而爱迪生却拥有一个真正发明家的头

脑，能够从任何角度思考问题。

"组合"更有利于创造

说起伟大的发明，你一定会认为它们都是由精通其专业领域的专家发明的。这种认识实际上是完全的想当然，事实并非如此。让我们看看下面这几个例子：

柯达克罗姆彩色胶卷是由一位音乐家发明的。

气胎是由一位兽医发明的。

自动电话的发明者是一位企业家。

一位旅行家发明了停车计时器。

发明飞机的怀特兄弟并不是航空工程师，而是自行车修理工。

爱因斯坦发现了相对论，但他始终不承认自己是一位物理学家。

创造有许多种不同的方法，但没有一种方法是可以完全依靠一种专业知识的。

组合是创造者必须具备的技能，能够把从一个地方获得的设想与另一个地方得到的其他设想组合起来，这样才可能得到一个好的创意。

而过于精通某一领域的人往往看问题太片面，喜欢钻牛角尖，这种人更适合做纯理论上的钻研，而不适合进行创造性思维，因为他们的思维已经趋向模式化。

日本YKK公司的董事长吉田忠雄向来以不雇佣那些专业知识丰富的职员而闻名。他认为那些技术熟练的人往往都局限于自己的专业知识，只能做一些平常的工作，而不能有突破性的创造发明。虽然雇佣新人可能需要在入职培训上花费较多时间，但是相对于产品的创新来说，他觉得是值得的。他曾经雇佣过一批没有丝毫经验的新手，他们果然不负他的期望，发明了"56S"（新合金）。这项发明震惊了业界，因为这个为外行人所发明的新合金攻克了专家们认为最艰难的技术障碍。

4

没有创造性的习惯：墨守成规

> 树林中有两条岔路，我会选择很少有人走的那一条路，这样的话，一切都会变得不一样了。
>
> ——罗伯特·佛罗斯特

我们的习惯

很多人没有创造的习惯，并且认为理所当然。的确如此。我们在做大多数事情的时候，即使不去想什么新的花样，也照样能把事情解决好。比如，我们在坐公共汽车、乘电梯或者去超市买菜的时候，并不需要什么创造力。在日常生活方面，我们在系鞋带、和商贩打交道的时候，也都创立了一套一成不变的规则，而这套规则足够我们应付各种状况。

不假思索地例行公事变得必不可少，即使所有的事情变得毫无乐趣可言；没有了这些规则，我们的生活将会变得混乱不堪。那些认为自己不需要创新的人还会反唇相讥：难道你每天早上拿着牙刷，还要花上十几分钟想想如何改变你刷牙的方式？难道你手里拿着面包，还要思考它的意义？

　　"过得去"和"过得好"是两个完全不同的标准，至于要选择哪个标准，这是自己的事情——如前所述，创造性的思考充满了乐趣。即使我们不断地变换刷牙的方式——比如先从下排牙齿左边最里面那颗的内侧刷起——也会有意想不到的乐趣，当然也可能改变你的刷牙效果，虽然一些人可能并不承认这有多少乐趣可言。另外，这些日常的训练也可以锻炼我们的创造力，我们需要在日常生活中避免一种没有创造性的习惯。

　　现在，让我们先看一个真实的故事：

　　塞缪尔发现自己的妻子玛格丽特在把火腿放进炉子之前，总是会把火腿的两端切掉。

　　一次，他终于忍不住问玛格丽特为什么要这么做。

　　"哦，"玛格丽特说，"我也不知道为什么，我妈妈就是这么做的。"

　　于是塞缪尔去问他的岳母。

　　"其实我也不知道，"塞缪尔的岳母笑了笑，回答道，"我妈妈是这么教我的。"

　　塞缪尔感到十分奇怪，于是他找了一个机会，问玛格丽特的外婆说："不知道这是您的宗教习惯，还是您的生活习惯？或者是因为其他的原因？"

　　"是这样的，"外婆笑着回答说，"我刚结婚那时候，家里只有一个很小的炉子，而要把火腿平放进去，只有把火腿的两端去掉。到后来就慢慢变成一种习惯了。"

　　我们每个人可能都有一些自己不易察觉的习惯，这些习惯本身毫无意义，只会给我们带来麻烦。我们固守

当墨守成规成为你的特性时，你便失去了创造的能力。

着这些习惯，从来不去想为什么。它们似乎是自然而然形成的，以至于我们并没有感到不自在——甚至也不会感到麻烦。

这些没有创造性的习惯总有一天会被我们发现，因为它们本来就不应该属于我们。但是到那时候，要改变已经太晚。因为当我们已经墨守成规时，便意味着一切都很难改变。

甩掉你的坏习惯

能够使自己的生命闪光的人，绝不是由于模仿，而是由于创造；不是由于追随，而是由于引导。你应当立志做一个有主张的人、一个有思想的人、一个时刻求改进的人、一个创新的人，这样的人，无论何时都可以立足于社会。

因循守旧者的典型特征是抱着自己的老观念不放，不去主动接受新事物，进行脑力革命。这本身就是思维上的惰性所致。想成功的人必须学会时刻"洗脑"，摈弃因循守旧，创新求变，才会成功。我们有很多人常抱怨自己脑子太笨，这是因为不开动脑筋，在过去的思维模式中打转转。

你首先要做的事情是甩掉那些阻碍你创造的老习惯。这是十分艰难的，但也许正因其艰难，才更有必要甩掉——这反映出它们对你影响很大。你可能需要借助外部力量才能甩掉你的老习惯。

在电影时代的早期，无声电影统治了电影业很长一段时间，以至于电影公司都已经习惯了。当有声电影技术慢慢成熟的时候，许多无声电影公司一家接一家地倒闭了。华纳公司是其中的例外。在度过一段相当艰难的财政危机之后，他们吸取教训，放弃了原来的老路子，抓住了机会生产有声电影。

这一改变不但使华纳公司赢得了巨大的财政收入，而且也使它成为电影界的头号公司。

1951年的一天早晨，贝尔实验室的主任告诉所有高级研究人员，整个美国的电话系统已经在头天晚上被全部毁掉了。"现在，"他说，"我们不得不从零开始设计，从现在开始填补这个空白。"研究人员意识到主任并没有开玩笑的时候，他们开始了新的设计。从那天起，他们陆续发明了按键式电话机、呼叫者ID显示电话机以及无绳电话等新产品。

创新常常是置之死地而后生的产物，会带来阵痛，也会有牺牲。但是，只要我们学会冷静地思考，用"天下之事，因循则无一事可为，愤然为之，亦未必难"来启迪自己，用"智者不袭常"来引导自己，那么，我们所看到的就会是另一番景象。

给自己注入全新的活力

如果没有外在动力，那么就寻找内在的动力和激情	换一条上、下班的路线，或者换一种上下班的交通工具——你总是遵照同一条路线上下班，你会忽略路上的风景，总是坐同一部公共汽车上下班，你的感觉也会变得麻木。
	尽可能地接触和理解新的事物。
	多交一些新朋友，多认识一些不同的人，每个人的思维方式和生活方式都不一样，你也许可以从别人身上学到有用的东西。
	去一些你以前从没有去过的地方。
	如果你发现自己的生活变得十分糟糕，自己都无法接受，那么不妨来一个大的改变：搬家或者换个工作。

5

创造的最大障碍：恐惧

> 如果你没有经常失败，那么这意味着你没有经常尝试进行有创新的事情。
>
> ——伍迪·艾伦

恐惧直接导致了人的创造力的丧失，或者说，导致了许多人无法进行创造的实践。进行创造需要一定的勇气，因为这是一项富有重大意义却十分冒险的工作。当一个设想在脑子里突然出现，甚至还来不及变得清晰和成熟时，人的恐惧就立即毫不犹豫地把它杀死了。

前面已经举过化学家普里斯特列的例子，可以确定的一点是，在拉瓦锡提出氧化学说之前，肯定不止普里斯特列一人发现了燃素说不合理的地方，但是由于种种原因，他们都没有提出氧化学说，直到拉瓦锡的出现。

恐惧的种种原因

很多人的恐惧可能都出于对风险的担心。你虽然已经有了一个好主意，但是却在犹豫该不该把它拿出来。因为你担心"我可能会失败"，这个主意可能给你带来收益，也可能带给你风险，而你害怕承担失败的结果。如果那样的话，你的公司将会一夜之间破产，你将失去辛辛苦苦打拼的一切。这种担心十分有必要，但如果你还不采取挽救措施，你的公司也照样会马上倒闭的话，不妨试一试你的设想，说不定会出现转机。任何一种设想都有两面性。

恐惧直接导致人的创造力的丧失。

在大多数情况下，你的设想所产生的危险可能不会有这么巨大，你的设想所带来的后果可能只是一小笔金钱的损失，或者仅仅让你体会到一次失败的滋味，如果是这样的危险阻止了你的创造，那就十分可惜了。因为即使你的设想失败了，大不了采取另外一种方法重新来过：失败是成功之母，从失败中你将学会怎样去做会更好。

既然是创造，那么必定意味着做别人没有做过的事情，而这种冒险当然同时包含了失败的可能性。为了找到合适的灯丝，爱迪生试验过硼、钌、铬、炭精以及各种金属合金，共 1600 多种材料。

也有很多恐惧来自于对权威和规则的畏惧。专家综合征是阻碍创造的一个大敌，有些专家常常依据自己的经验和研究来对新的事物进行判断，也不管其标准是否适用于新事物。你创造的一个意义就是向权威挑战，检验你的设想正确与否的唯一方法是把你的设想用于实践，而不是某个专家的意见。

规则也是使创造的人们退缩的一重阻碍。公理、原则的确适合大多数人、大多数事，但是未必适合你，因为你现在正在用与众不同的设想去做一件事情。抛开那些条条框框，你只需要按照你自己的方法去做就行了。

将恐惧化为动力

恐惧的确是创造的大敌之一。它使你的大脑运转不畅，让你犹豫不决，裹足不前。

古代波斯有位国王，想挑选一名官员担任一个重要的职务。他把那些智勇双全的官员全都召集了来，试试他们之中究竟谁能胜任。官员们被国王领到一座大门前，面对这座国内最大、来人中谁也没有见过的大门，国王说："爱卿们，你们都是既聪明又有力气的人。现在，你们已经看到，这是我国最大最重的大门，可是一直没有打开过。你们之中谁能打开这座大门，帮我解决这个久久没能解决的难题？"不少官员远远张望了一下大门，就连连摇头。有几位走近大门看了看，退了回去，没敢去试着开门。另一些官员也都纷纷表示，没有办法开门。这时，有一名官员走到大门前，先仔细观察了一番，又用手四处探摸，用各种方法试探开门。几经试探之后，他抓起一根沉重的铁链，没怎么用力拉，大门竟然开了！

原来，这座看似非常坚牢的大门，并没有真正关上，任何一个人只要仔细察看一下，并有胆量试一试，比如拉一下看似沉重的铁链，甚至不必用多大力气推一下大门，都可以打得开。如果连摸也不摸，连看也不看，自然会对这座貌似坚固无比的庞然大物感到束手无策了。

国王对打开了大门的大臣说："朝廷最重要的职务就请你担任吧！因为你没有限于你所见到的和听到的，在别人感到无能为力时，你却会想到仔细观察，并有勇气冒险试一试。"他又对众官员说："其实，对于任何貌似难以解决的问题，都需要开动脑筋仔细观察，并大胆冒一下险，大胆地试一试。"那些没有勇气试一试的官员们，一个个都低下了头。

也许，生活当中并不缺少成功的机会，只是我们像故事中的大臣们一样，陷进了固定思维的图圄之中，不能自拔。思维的框定让人容易产生怯懦的心理，无法焕发勇气，最终流于平庸。成功者与失败者之间的分水岭，有时并不在于他们之间有天地之间的差距，而在于一点小小的勇气。当我们超越众人禁锢得有些麻木的思想，勇敢地迈出那一步时，我们会惊喜地发现，原来成功的门对我们从不上锁。

6

惯性思维与思维定式

> 打破常规的道路指向智慧之宫。
>
> ——威廉·布莱克

一辆卡车被卡在了立交桥底下。交通警察和围观的人们都过来了，大家都在想办法。

"把卡车的上面一部分去掉怎么样？"一个老人半开玩笑地说，那是一个精美的雕像。

"把桥拆掉吧。"一个男人说，"不过卡车司机可办不到。"

没有一个办法能够解决这个问题。

一个孩子看了看，说出了自己的想法："把卡车的轮胎放了气会怎么样呢？"

当人们从卡车被卡的上半部分去考虑问题的时候，他们实际上跳入了一个陷阱之中：问题的解决可能并不在卡车的上半部分。小孩的思维并不局限于这样的限制之中，因此得出了与众不同的方法。

我们大多数时候总是受到自己的感觉和经验的影响，或者受到类似事件、自我所设定的思维准备的限制，这就是思考的惯性。

有时候这种感觉和经验对我们很有帮助，它能够告诉我们一般的解决方法，但有些时候却阻碍问题的解决。心理学家称之为惯性思维或思维定式。

所谓思维定式是心理学上的一个概念，是指人们在认识事物时，由一定的心理活动所形成的某种思维准备状态，影响或决定同类后继思维活动的趋势或形成的现象。

思维定式的坏处

有一个很著名的跳蚤实验，可以很好地说明思维定式对思维的阻碍作用。

跳蚤能跳的高度是它自己身高的 400 倍，是世界上跳得最高的动物。有人将跳蚤放进了瓶中，它一下子就跳了出来。实验员将瓶子用木塞盖上。一开始跳蚤总是希望能够把瓶盖冲开，于是进行了一次次的撞击，不过它都失败了。经过一段时间的尝试，跳蚤每次跳的高度都不再到瓶盖。后来，即使实验人员把瓶盖拿走了，跳蚤跳的高度也不再到瓶盖处。

马戏团训练大象的方法也很类似。他们在象很小的时候，便把它拴在一根很大很粗的木桩上，虽然小象十分好动，但是它摆脱不了大木桩。小象经过各种努力，发现自己是没有办法摆脱木桩的，于是也就放弃了努力。人们后来换一根较小的木桩，小象经过努力，发现自己还是摆脱不了这根小木桩……再后来，当小象长成了大象，即使是一根很小的

经验会形成一种思维定式，有时候这种思维定式会变成一种枷锁，妨碍我们打开新思路，寻找新方法。

木桩也能拴住它。

还有许多类似的实验都说明了思维定式对思维的灵活性的不利影响，创造是需要打破思维定式的，那些具有思维定式的人必定无法进行自由创造。

教授在课堂上给学生们出了一道题：聋哑人到商店买钉子，他先把左手做成拿着钉子的姿势，然后右手做锤打状。售货员给了他一把锤子，聋哑人摇头，指着左手。售货员终于拿对了。

教授问道："请同学们想象一下，盲人会用什么方法买到一把剪子呢？"

"哦，用手做剪刀状就可以了。"其中一位同学回答道，全班同学表示赞同。

"不，"教授说，"他只要开口就行了。"

现在来做一道数学题：

18 + 81 = （ ）

要求你在括号里填上合适的数字，以使得等式成立。你能够给出答案吗？

告诉你答案吧：要填的数字是"6"。我并不打算告诉你原因——这要求你破除思维定式，才能知道为什么是这个答案。

破除思维定式

日本江户时代有一位将军需要到东照宫去进谒天皇，不料在他出发的前一天下了一场暴雨，造成石砌的城墙坍塌，挡住了进谒的马路。因为道路狭窄，当地的城主不得不想法把这些石头弄走。

城主带了许多手下来，他们本想把抬来的原木放在地上，然后把石头放在原木上，滚动前行，但是原木却嵌入了稀泥之中，石头根本无法滚动。而且石头过于庞大，如果要把它们一块块抬走的话，将需要很长一段时间。总之，无论使用何种办法，他们都不能尽快搬走石头，以使将军按时出发到达东照宫。按照当时的日本法律，在这种情况下，城主一定会被判为死罪。城主无计可施，决定剖腹自杀。这时候，一名伊豆守向城主建议：在石头的周围挖坑，把石头埋起来。

这位伊豆守的思考方式和别人截然不同，人们只是想着如何把石头搬走，而他却反其道而行之——如何在不搬走石头的情况下解决问题。

破除思维定式其实比想象中要简单，你只需要摒弃你的经验和感觉的限制，全面地思考问题本身，就能得到合适的方法。但困难也许就在这里，习惯的东西最难改变。

惯性思维和思维定式具有十分强大的力量，当我们需要改变的时候，常常会碰到非常顽固的抵抗。心理学家早就注意到人们对习惯性思维的坚持。我们倾向于留住那些现有的东西，包括我们的思维方式。惯性思维就像被严加看管的社区，那些外来的东西总是被拒绝进入。

大家认为是正确的，其实并不一定都是正确的。敢于思考的人不会按照大家的经验来发表意见，应该有自己独特的见解。不论在哪种社会、哪个时代，最早提出新观念、发现新事物的人总是极少数，绝大多数人是不赞成甚至激烈反对的。因此，要想成功，就必须冲破经验的怪圈。

新观念的倡导者和新事物的发现者们，几乎都不同程度地有一种孤独寂寞、不被人理解的感觉，著名者如尼采、鲁迅，不著名者如我们身边那些成功的"异类"分子。

和思维定式做斗争是一项长期而艰苦的工作，但是如果你想提高你的创造力，就不得不进行这场斗争。

走出思维定式，打破旧框框，这是进行创造力训练的第一步。每个人都知道钢铁的密度比水大，因此推测钢铁在水上必然下沉就是顺理成章的了，甚至我们可以很容易地用实验来验证这一点。然而，如果这个常识占据我们的头脑，并阻碍我们的思维的话，恐怕到今天我们也只能划几只木船来做些短程的航行。

7

过分自信会把真实掩盖

自以为是乃是我们天生而原始的弊病。

——麦克·德·蒙田

"超人小说家"

詹姆士是一位"超人小说家",不过没有人知道他的名字。他有一个很远大的梦想:写一本与众不同的小说。他这样跟他的朋友描述他的小说:"它一定很棒,一定比其他的小说都好。"

他好几年来都沉浸在自己的小说家梦想之中,他一遍又一遍地改动他的作品,增删了十几次。当他确认自己的小说已经达到完美,无损于他"小说家"尊号的时候,他小心翼翼地把他的书稿包好,然后寄给了一家很有名的出版社。他信心满满地等着作品被发表、自己出名的那一天的到来。

不幸的是,一个月后,书稿被退了回来。编辑告诉他:"文笔很好,但是内容欠佳,望继续努力。"詹姆士认为这个出版社没有识人的眼光,于是把书稿寄给了另外几家出版社,但是结果仍然一样。没有人愿意出版詹姆士的小说，因为它是拙劣的作品。

我们在创造的时候需要勇气和自信，但是过分的自信会把真相掩盖。过分的自信会使人忘记自己在做什么，完全以自我为中心，认为没有自己做不到的事情。

如果你没有从20层楼高的房子上跳下来，你

过分自信会把真相掩盖，使自己走上"绝路"。

当然可以想象自己能够做到这一点；如果你没有跟子弹赛过跑，你当然可以想象自己能够跑得比子弹更快，但这只是你的想象而已。盲目地活在想象中的人是可悲的，他看不到现实，因此也不用指望他在现实中能有什么作为。

很多人都喜欢把自己想象成超人，"超人小说家"、"超人发明家"随处可见。他们总是认为自己的想法是最高明的，没有什么人可以比拟。而实际上，他们所谓的超人的发明创造却常常只是一些拙劣的产品。

一个人发明了一台用于压碎铝制果味汽水罐的压碎机，他为自己的发明感到兴奋异常。他逢人便说："你们不知道我的发明有多么重要，每个人都能够用它来压碎铝制的罐子。"

他的老师听了之后，要他演示一下，同时老师自己也拿了一个罐子在手里。发明家开始费力地用自己的机器压罐子，老师则一脚便把罐子踩扁了。

过分自信的危险

没有一个人能够有骄傲的资本，因为任何一个人，即使他在某一

方面的造诣很深，也不能够说他已经彻底精通。生命有限，知识无穷，任何一门学问都是无穷无尽的海洋，谁也没有资本认为自己已经达到了最高境界而停步不前，趾高气扬。

过分自信会给那些超人发明家带来危害，使他们沉迷于自己的发明之中，无法看清自己发明的价值。

也许有些东西本来就不甚高明，所以可能没有什么可惜的。但真正可惜的是那些本来很有用处，却因为发明家过分自信使之没有真正发挥作用的发明。

过分自信会遮住事物的本来面貌，使人们看不到自己发明的缺陷，无法进一步改善自己的发明。

美国政府打算制造一批苏珊 . B . 安东尼头像的硬币。这种硬币的发行可以减少纸币的印刷周期，因为它比纸币耐用得多；而且苏珊·B. 安东尼是著名的女权运动领袖，在当时十分有影响力。

看来这是一个相当不错的设想，设计师们相当满意。

但结果却是，这些硬币并不像他们想象的那么受欢迎，他们为此迷惑不解。直到有一天，他们在很多自动投币机里发现了许多 1 美元的安东尼币——它们摸上去跟 25 美分的硬币几乎没有什么区别，因此被误投了进去。

如果设计师们并没有为自己的设计而过分自信的话，应该不会那么容易忽视这一缺陷。

不要相信能人会永远英明，古今中外的很多人都难逃"成功——自信——自负——狂妄——轻率——惨败"的怪圈。真正聪明的人，总是在为事业奠定一个基础后，平视自己的成就，平视周围的人，而不是仰视成就，俯视周围的人和事，这样的人才可能事业常青。

第三章

再造你的大脑和思维

　　机遇只偏爱那些有准备的头脑。在对问题进行了各方面的详细研究之后，巧妙的设想会不费吹灰之力地意外来临，犹如灵感。很多人都在为成功而努力，但是有人成功了，有人却没有，很多时候是因为每个人使用头脑的方法不同。

1

发挥大脑的潜能

> 所有人都是为成功而降临到人世的。但是有人成功了，有人却没有。很多时候是因为每个人使用头脑的方法不同。
>
> ——马克思维尔·马尔茨

"为什么不能像蛋壳"

1998 年 4 月，我国政府公开向全世界征集国家大剧院的建设方案，其设计要求只有 3 个：一看就是个剧院；一看就是个中国的剧院；一看就是个在天安门广场旁边的剧院。

这 3 个要求看似简单，却难住了无数的设计师。

一年后，最终的方案被选定，法国设计师安德鲁的设计脱颖而出。

这一下引起了建筑学界的轩然大波，并不是因为一个外国人的设计最终胜出，而是由于这个设计太难被众人接受：它就像半拉蛋壳。2000 年 6 月，中国科学院和中国工程院 49 位院士联署《建议重新审议国家大剧院建设问题》，上书中央，其主要观点就是：这项设计完全不符合 3 条要求中的任何一条，而且与周边建筑的风格格格不入。

但是，这个颇有分量的建议最终并没有被采纳，更多的专家学者还是欣赏安德鲁的设计方案的。其中一位专家说："逆向思维一下，觉得这个设计不好，那么好的设计应该是什么样的？难道非得是雕梁画栋的故宫式建筑和严肃的人民大会堂式建筑才是适合的？"安德鲁在接受媒体采访时说："我也曾按照当初对设计方案的要求——一看就是个大剧院，一看就是中国的剧院，一看就是天安门旁边的剧院——来做我的设计的，但是仿佛被某种东西缚住了手脚，思维在原地打转，牢牢地被禁锢住了，设计出来的东西很不满意。后来我明白了，思路要打开，不能受字面限制。这样，一下子便海阔天空，所有的问题就有了新的思考和解释。比如，什么是中国的传统？传统是静态的吗？那么为什么故宫的传统风格与人民大会堂的风格不一样？可见，传统是动态的，传统是发展的，传统是一个过程。一个民族最伟大的传统绝不是复制和模仿，而应当是一个永无止境的创新过程。"

其实，单就技术层面而言，安德鲁的设计并非不可企及，国内很多设计师也完全有能力设计出这种水平的建筑。但是安德鲁的不同之处就在于，他的思维没有被限定在一个固定的框架内，而是在遵从和理解传统逻辑的基础上，不断地尝试突破传统。在别的设计师还在雕梁画栋、天圆地方等传统中苦苦寻觅时，安德鲁无疑站得更高。

经过 4 年的研究和准备，2001 年 12 月 13 日国家大剧院正式动工，采用的是安德鲁的设计方案。

让核桃自动裂开

一家蛋糕加工厂召集了一次研讨会，会议的议题是如何使核桃仁能被完整地取出，而不被敲碎。会上，有不少人提出了建议，其中一个建议听上去最为离谱，一个年轻人说："如果能让核桃自动裂开就好了……"这是一个匪夷所思的建议，在场的人几乎都认为这是天方夜谭，核桃怎么会自动裂开？但是，还是有有心人的，他循着这条建议，一路继续进行思考，终于想出了一个能完整取出核桃仁的好办法：在核桃上钻孔，然后向内部灌入压缩空气，依靠核桃内部的压力使核桃自动爆裂开来！

绝妙的主意，不是吗？

那么这个绝妙的主意是怎么来的？

按照我们惯常的思维，核桃是没有意识的，不可能听从你的指挥，那么从逻辑上讲，让一只核桃自动裂开，这就好像让你家里的拖把跳舞一样荒诞。所以，研讨会上那些只会逻辑思考的人大脑立即卡壳了，无法继续下去，因此这个建议沦为了所谓的天方夜谭。

对于善于开发和使用自己大脑的人来讲，没有事情是荒诞的。

但是谢天谢地，还有人不这么想。天知道这个充气爆裂法的发明人最初是怎么想的，他可能把核桃联想成一个炸弹、一个暖水袋、一只大气球。但不管怎么说，他从这个建议中得到了灵感与启发，并运用了他神奇的右脑半球。这就是创造性！

大脑由两个半球组成，人在思考时是这样一个过程：信息先由左脑半球进行逻辑性、线性的处理，达到一定程度后，再把这些经过处理的信息转移到右脑半球，从而得出问题的答案。右脑半球处理信息的方式是跳跃性的，我们必须把两个脑半球都利用起来，才能够有效地解决问题。

对于善于开发和使用自己大脑的人来讲，没有事情是荒诞的，任何看似荒诞的东西都包含着存在的必然性。我们前面说到拖把跳舞，这是不可能的吗？那么你又被自己那看似正统的思维模式设计了。如果在拖把上面安装一个感应器和几个轮子，就像小孩子玩的那种碰到障碍物会自动转向的汽车一样，这样拖把不是就能在你的客厅里跳舞了吗？而且还能把你的地板擦得干干净净。就是这么简单！

让核桃自动裂开，让核仁保持完整。有意思的是，人脑在外形上像极了核桃仁，那么你在使用大脑时，也能让它保持完整吗？

如何发挥大脑的潜能

美国科学进步协会主席肯尼斯·波尔丁博士指出，脑容量"不可思议的巨大"，这几乎超出我们所能想象的范围。他提出了这样的一个假设：即使人脑细胞只是像电灯开关一样，只具有开启和关闭两种简单的状态，那么整个大脑的运算能力也将是 2 的 10 次方的 100 万次幂。这样一个数字，相当于 21 世纪所有人类预测寿命的总和，如果以每秒写一个数的速度来计算，那一个人不吃不喝需要写上整整 90 年！

面对如此巨大的脑力发展空间，我们真的就好像一群刚刚从山洞中走出来的原始人，望着辽阔的天地，却不知从何处下手。

如何发挥大脑的潜能呢？

首先应当明确一点，对大脑潜能的开发，每个人都能够做到。无论从脑容量还是脑的构造上来讲，人与人之间都基本没有什么差别。

那么，排除了先天的因素，剩下的似乎就只是后天的工作。虽然，目前脑能研究的程度和认识是相当浅薄和梦寐的，还没有任何物理、化学或者生物的方法能把一个人变成天才，使其满负荷地使用自己的大脑。

但这并不代表我们对于自己的大脑就毫无办法，对于自己的智力水平只能听之任之。现有条件下，如何开发大脑的潜能呢？实际上，你只要问自己几个问题，就不难发现答案：

你善于发现并提出问题吗？

你看问题的角度是你自己的，还是别人提供或者教授给你的？

你相信有永恒真理吗？

你每天回家都是同一条路线吗？你有尝试新路线的想法吗？

你能够从一件坏事中看到好的方面吗？

你善于联想吗？

你的头脑中时常会蹦出一些古怪而有趣的想法吗？

仔细思考这几个问题，你会发现，它们都指向一个方向：我们的思维方式。

如果说大脑的物理构造是神经细胞、神经元和纤维质，那么它的灵魂构造就是我们的思维方式。我们无法从物理构造入手再造我们的大脑，我们却能够再造我们的思维方式，使我们的思维更加合理和有效率，从而发挥大脑潜能。

培根说："勤于思考是一种美德。"

一位百万富翁说："勤于思考是财富的源泉。"

他们将思考变成了一种习惯。

善于思考是创新的首要条件，而善于创新又是财富的重要来源，所以我们说："财富是想来的。"

从古到今，有无数的人看到熟透的苹果从树上落到地上，但只有牛顿据此发现了万有引力定律，因为只有他对这一大家熟视无睹的现象进行了认真而深刻的思考。

任何一个杰出人士都不会忽视思考的作用。

流水不腐，户枢不蠹，只有勤于思考，我们的大脑才会越用越好用。

2

发散思维：突破已知，探索未知

> 凡有发散性加工或转化的地方，都表明发生了创造性思维。
>
> ——J.P. 吉尔福特

发散性思维，可以说是一个具有创造力的人的必备素质。

发散性思维即变换不同视角，从一个点发散开去，向多方面进行充分的联系和思考，突破已知领域，探索未知的境界，以寻求更合理、更科学，也更富有创造性的解决问题的方法。

有一天，爱因斯坦在和儿子谈话时，儿子突然问道："爸爸，你是不是最聪明的人？"

爱因斯坦问儿子："为什么这么说呢？"

儿子回答道："老师说你是世界上最伟大的科学家，因为只有你发现了相对论。"

爱因斯坦笑着说："一只甲壳虫在一个球上爬行时永远也不会知道自己正在一个球体上爬行，因为它的视觉是扁平的。而如果是一只蜜蜂，它一眼就能看出自己正停留在一个有限的球体上，因为它的视觉是立体的。而我比别人聪明，就是因为我有蜜蜂的视觉。记住，儿子，没有事

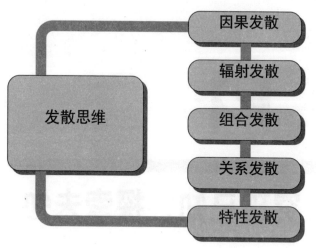

情是孤立而扁平的。"

爱因斯坦所描述的正是发散思维的特点。美国学者托尼·巴赞认为发散思维的内涵主要有两点，一是指来自或者连接到一个中心点的联想过程；二是指"思想的爆发"。由此可见，发散思维实际上是一个发现事物间联系并主动利用这种联系的活动，是开放的、流动的和不断发展的。

一个思想呆滞的人不可能在某个领域做出太大的成就，科学家的新发明、商人的新点子、艺术家的新创造大部分是通过发散性思考获得的。发散性思考要求我们思考问题的时候从一个问题出发探求多种不同的答案。美国著名的心理学家吉尔福特在研究创新思维的过程中，指出与创造力最相关的思维方法就是发散思维。吉尔福特认为，经由发散性思维表现于外的行为即代表个人的创造力。也就是说，你的思维越灵活，说明你的创造力越强。

发散思维作为一种创造性思维，有多种发散方式，大体可以分为因果发散、辐射发散、组合发散、关系发散和特性发散 5 类。

因果发散

因果发散是一种以既成事实为"果"，以其可能的"因"为方向的发散性思维。世界上的事物无一不是处于联系之中，没有无因之果，也没有无果之因，运用这种方法有助于我们定位思维方向，找到最合理的解释。

在 19 世纪的时候，人们对于产褥热这种疾病还没有明确的认识，但是其危害性却达到了令人恐慌的地步，相当多的产妇在分娩后死于产褥热。

奥地利的一位医生泽梅尔魏斯立志要攻克这一可怕的疾病，他为此进行了大量的研究。当时关于产褥热的病因有很多种说法，其中的一些似乎有道理，还有的仅仅只是猜测。

有一种说法认为之所以会引发产褥热，主要是由于不良的医院环境和管理的不善。泽梅尔魏斯经过研究发现，这一说法存在缺陷，因为同样条件的一些医院，其产褥热发病率却有着明显的区别。这就说明，医院环境不会是首要的病因。

另有一些专家认为没有经验的医学院学生的粗鲁检查，是导致产妇容易患上产褥热的原因。泽梅尔魏斯也不同意这种观点，因为即使是减少实习生数量，由经验丰富的助产士替代，产褥热的死亡率同样不见下降，在有的医院，甚至还出现了上升的可怕现象。而且，从检查方式方法上来看，实习生与助产士也并没有什么不同。

还有种种说法，比如分娩方式所致、产妇们的心理恐惧所致等，泽梅尔魏斯在观察试验分析后，都一一予以了否定。

最后，在一次偶然的机会中，泽梅尔魏斯发现，产褥热的发病症状和病程与败血病相类似，而败血病是由于血液感染引发的。由此泽梅尔魏斯很快想到产褥热或许同样也是由于感染而引起的，因为很多的医生护士在为产妇们进行检查前，都没有进行专门的消毒，有的医生甚至因为经常检查因产褥热而死的尸体，手上都会留有特殊的臭味。

泽梅尔魏斯于是在自己的医院中做了一个试点，要求所有的医生护士在手术或例行检查前都必须进行洗手消毒。果然，产褥热的发病率大大降低，泽梅尔魏斯终于确立了对产褥热最权威的病理解释。

不难看出，泽梅尔魏斯医生正是运用了因果发散的思维方法，以产褥热发病为果，由此出发，寻找引发疾病的因。

辐射发散

辐射发散的思维方法是由 J.P. 吉尔福特提出的，是指从不同的角度和思路去思考并探索问题解决方法的思维方式。换句话说就是以一个已知的问题为核心，向各个方向进行辐射状的思考，不拘一格地探寻各种各样的答案和解决问题的方法。

辐射发散是一种神奇的思维方法，它要求我们要学会多方向思考，方向越多越细越好，就像阳光向各个角度发散一样，我们也要以问题为中心，向各个角度辐射思维。

给你 5 分钟，你能说出一只玻璃杯子的几种用途？

大部分人在经过思考后，都会得出这样的答案：盛水容器，冲泡咖啡，家居装饰品，拔火罐，当筷子笼，当花瓶插花，当作乐器敲打……

还有的人能想得更多：做一个灯罩，摔成碎片后贴在墙上做装饰物，素描对象，送给朋友的礼物，鱼缸，当作打架的投掷武器，马戏表演水流星，制作土炸弹……

这就是辐射发散的魅力。实际上，只要你肯动脑，经常进行类似的训练，你会发现几乎所有的东西都是万能的，所有的问题都可以用上万种方法解决。

当然，辐射思维

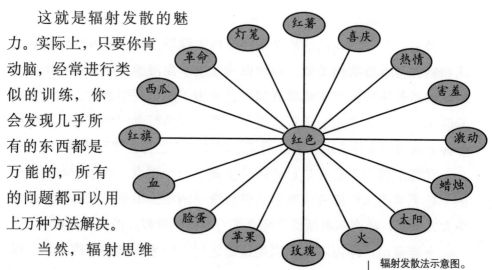

辐射发散法示意图。

并不一定能给你明确地提供一个最佳的答案，甚至很多时候，辐射思维得到的结果是很可怕的，比如上面小例子中用玻璃杯来制作土炸弹。

因此，对于辐射思维所得到的粗糙的结果，必须要进行充分的鉴别和筛选。

不过，作为一种思维方法，辐射思维还是有其价值的：想得越多越好，不论好坏，越多越好，最好的总会在其中。

组合发散

组合发散思维方法是指可以通过一事物与另一事物的有机结合，或者多种事物间的有机结合，看看能否产生新的事物和新的功用，这是创新思维的又一重要途径。

橡皮头铅笔在今天看来已经十分普通，并没有什么特别之处。不过当年它的发明，却是铅笔的一大变革。

它的发明者是一位名叫海曼的穷画师，他虽然生活潦倒，但是却十分刻苦用功，每天都要花上大量的时间在自己简陋的小画室里作画。他时常会碰到这样的烦心事：有的时候经常会找不到橡皮，但当放下手中的铅笔找来橡皮时，又会找不到铅笔。

为了解决这一问题，海曼开始琢磨把铅笔和橡皮结合起来的办法。他先是试图用铁丝把两者固定在一起，但是效果并不理想，橡皮经常会掉下来。海曼并不气馁，索性开始专门研究如何把橡皮固定在铅笔上，最后，功夫不负有心人，他的研究成功了。他的做法其实简单得惊人，就是用一块薄铁皮把橡皮箍在铅笔头上，这种方法一直沿用至今。

海曼为自己的发明申请了专利。不久，著名的RABAR铅笔公司就花大价钱买下了这一有趣的专利，并将其推广应用，海曼也因此致富。

海曼的做法实际上就是一种组合发散思维的结果。它说明A＋B有的时候并不一定就毫无悬念地等于AB，而可能产生极为有创造力的产物。

关系发散

世界是复杂而多元的，对任何事情都不可能只有一种解释，只有善于分析和认清一个事件所处的复杂关系，并由个中关系寻找到相应的思路，这样才能对问题有正确的把握，从而找到合适的解决方法。

关系发散就是这样一种思维方式，它要求在观察和解释某一事物时，应当避免单一性，而根据与问题有各种关系的思维触角，来进行全面理解和诠释。

或者说，关系发散要求我们把事物当成立体来看，而不是一个平面。

特性发散

任何东西的特征都不可能只有一面。这就好比一颗土豆，它上面的每一个芽孢都具有成长的潜力，重要的是你能否发现关键的那个。

特性发散就是一种类似于找出土豆上的关键芽孢，并将其培植起来的思维方式。它要求以创新思维看待事物的特性，即事物的每一个现象、每一个形态、每一种性质都可能引发不同的结果。

17 世纪，美国加利福尼亚州发现了一座巨大的金矿，数以万计的淘金者被它吸引，怀着一夜暴富的梦想，不远万里来到了这里。

但是，来到这里后的遭遇和困难是他们从未想到过的。淘金者苦苦劳作，却始终找不到大的矿脉，所获甚微。而且，这里的气候条件十分恶劣，天气酷热，水源奇缺。很多人干渴难耐，一边劳作一边发着这样的牢骚："我愿意用一块金子换一瓶水。"

年轻的劳埃尔也是淘金大军中的一员，他听到这些抱怨后，没有把它们当成耳旁风，而是认真地思考了起来。他意识到给这些可怜的淘金者提供饮用水，不但是一件有意义的事情，而且这其中还隐藏着巨大的商机。

　　说干就干,劳埃尔毅然放弃了淘金,开始专门做起了饮用水的生意。在很多淘金者眼里,劳埃尔是一个没有毅力的家伙,跑到金矿来不淘金却做起了卖水这种蝇头小利的生意,但是他们一边在表示着对劳埃尔的不屑,另一方面却不得不专门找劳埃尔买水。

　　劳埃尔的生意虽然利薄,与他当初梦想的一夜暴富简直是天壤之别,但是大量淘金者的需求却成就了他的事业。没过多久,他就成为百万富翁。更值得一提的是,他是他所在金矿里第一个成为富翁的人,而他的许多淘金工友最终却一无所获。

　　劳埃尔即是从淘金这一简单的职业中,看到了不简单的特性——饮用水的大量需求,并以此成就了自己的事业。他从一颗土豆上,找到了最有生命力的那一个芽孢。

3

逆向思维：从对立的角度去思考

> 对于一个表面的结果，我们应该思考——也许它正是原因吧。而对于一个所谓的原因，我们应该思考——也许它正是结果吧。对于原因和结果，我们能做些什么呢？我们将其颠倒一下会怎么样？这种次序的问题可能会成为设想的源泉。事实上，我们始终不能确切地知道何为原因，何为结果，我们甚至不能肯定是先有鸡还是先有蛋。
>
> ——奥斯本

古罗马的门之神雅努斯有两张脸，他可以同时注视着相反的两个方向。古罗马人经常把他的雕像立在门口，一面望向外，一面望向里，从而提示自己，任何事情都要从正反两方面去看。

所谓逆向思维就是指不按照传统的思路考虑问题，而是恰恰反其道而行之，从问题的另一面进行深入思考。

丰田公司的创始人丰田喜一郎曾说："如果说我取得了一点成功的话，那是因为我对什么事情都倒过来思考。"这样说虽然有点过于片面，但是，不可否认，当面对一个比较棘手的问题，按照传统的思路来解决往往会遇到困难或者结局会很平庸时，使用逆向思维的方法，往往能够得到富有创新而且十分巧妙的解决方案。

逆向思维的运用方式主要有下面几种。

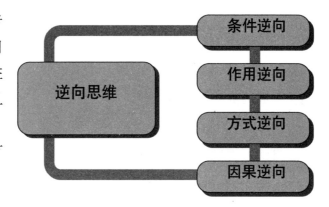

条件逆向

条件逆向主要是指分析与事物有关的条件，然后进行逆向思维，从而获得有价值的创新性认识。条件逆向所重点分析的条件，主要是一些看似不利的条件。

在日本有一个名叫丹波的小村庄，这里土地贫瘠，没有什么物产，交通也不方便，因此村民们的生活十分清苦。

眼看着其他地方都富裕发达起来，丹波的村民们也开始想方设法致富。但是，这里什么有利条件都没有，如何才能致富呢？

村民们请来一位专家井坂弘毅，他在了解了丹波的情况后，提出了这样一个大胆的设想：发展旅游业，展示这里的清贫生活！按照他的说法，现在的日本人大都过上了富裕发达的生活，已经开始慢慢忘却曾经的苦难，让他们到这里来旅游，来体会一下这种生活，一定会是一件很有意义，而且很有价值的事情。

村民们接受了井坂弘毅的建议，于是以自己家乡的贫穷落后为宣传点，开发旅游业。没有想到，这果然引起了很多人的兴趣，人们络绎不绝地来到这里，寻找往昔的生活和感觉。丹波村的村民也因此富裕了起来。

贫穷是人们避之唯恐不及的东西，而井坂弘毅却能利用贫穷带来富裕，这种条件逆向的运用不可谓不神奇。

类似的条件逆向，"变废为宝"，还有许多例子。造纸厂、皮革厂的废料渣对环境本是一大危害，但是如果在厂内建立发酵沼气池，便能使之成为提供沼气的原料。

对不利条件的逆向思维，蕴含着丰富的经济及社会效益，可以说是一种"一箭双雕"式的创新思维方式。

作用逆向

作用逆向相较于条件逆向，主要是偏重于对事物的作用进行逆向思考，变不利作用为有利作用。

某地警察局刚刚抓获一名汽车大盗，他的盗车技术相当娴熟，偷走一辆防盗措施十分到位的汽车，仅仅需要几分钟的时间，被他盗窃的车辆总数已经达到了上百辆。这个大盗曾经多次被逮捕过，还坐过十多年的监狱。

对于这么一个人，应该怎么处理，才能使他痛改前非，在出狱后再也不会继续危害社会了呢？

警察局长考虑了很久，终于想出一个办法。在汽车大盗出狱的那一天，警察局长亲自把他接到警察局，并正式聘请他做了警察局的一名顾问，担任该局的"汽车防盗技术指导"。这名汽车大盗做梦也没有想到竟然会得到如此的礼遇，自然感激涕零，当即表示今后再也不会犯罪，专心工作，回报社会。果然，这名昔日的大盗从此以后就像变了一个人，每天在警察局勤奋地进行着研究工作。不久，他的研究成果——新型汽车防盗设备——问世了，质量和效能都十分优秀，该地的汽车失窃案件发案率也大大降低了。

这名聪明的警察局长就是善于运用逆向思维，从而使一名汽车大盗变成了汽车的保护神。

方式逆向

方式逆向的思维方法，是指从事物运作的原方式入手，尝试这种方式的反面的方法，从而发现新的可行性与创新设想。

吸尘器现在已经成为一种十分普及的家用电器，但是吸尘器的前身实际上并不是吸尘，而是吹尘器。

1901 年，在英国伦敦，一位发明家公开展示了自己的新发明：环境清洁器。当这台机器开动起来的时候，喷出了很强的气流，这些气流能够将地上、桌子上的灰尘和碎屑吹走，但是空气中却立刻弥漫起呛人的粉尘，让围观者不得不将自己的鼻子嘴巴捂起来，眼睛也要紧紧地闭住。很显然，人们对这项发明的评价并不高。

但是，一位旁观者，年轻的技师休伯特·布恩看到这个失败的发明后，并没有对其一笑置之，而是开动起脑筋：这项发明的初衷是不错的，人们的确需要这种发明，只是它的工作方式不对，用吹不行，那么反过来，用吸行不行呢？

休伯特·布恩为自己的想法而激动着，回到家里进行了一番研究，终于把这种"吹尘器"进行了改造，变成了我们今天常用的吸尘器。

有时，事情的初衷或者事物的本身是没有错的，我们只是使用了不正确或并不是最好的方式去对待它。当这种情况出现时，不要轻易放弃，尝试将方式改变甚至颠倒一下，你所获得的可能就是一个相当意外的惊喜。

很多时候，运用逆向思维，从相反的角度去思考问题，或许会豁然开朗。

因果逆向

正如奥斯本所说，事物的因与果实际上并没有我们平常所想的那么水火不容，一个事物的果，它绝对同时还是某事物的因，某事物的因，又必然同时是另一事物的果。如果把事物的因和果看得甚是死板，不可改变，那么你的头脑也必然会是死板的。因此，不妨时不时地把因转换为果，果转换为因来处理，你可能会立刻得到一个巧妙的构想。

有时我们所认为的事情的原因未必是唯一的原因，运用因果逆向思考法可以拓宽思维的广度，更加全面地分析事情的原因。比如，在《心之漫游思考法》一书中，有这样一个关于倒转思考的例子：

"老师沉闷的讲解令学生上课不专心。"

倒转为：

"学生上课不专心令老师的讲解沉闷。"

倒转了我们习惯认为的原因和结果，我们的思路就变得更加开阔了。我们习惯于把教学质量不好归咎为老师讲课不够生动、没有热情，导致学生听课的时候不够专心。难道没有别的情况吗？把因果倒转之后，我们想道：学生不专心听讲反过来是不是会导致老师讲课没有热情？于是形成恶性循环。另外，学生听课的时候是不是不够热情？老师讲课的时候是不是不够专心？从这个角度着手，我们就可以更加全面地处理教学质量低这个问题。进一步深究之后，我们会发现为什么学生上课不够热情？可能是对所学内容不感兴趣，或者教学模式过于死板，限制了学生的积极性。是什么使老师讲课不够专心呢？可能是教学以外的行政事务或者个人的私事分散了他们的注意力，或者落后的教学设施让老师感到沮丧。从这些角度着手，可以使问题得到更圆满的解决。

4

联想思维：展开想象的翅膀

> 想象在其本质上是一种对世界的思维，这种思维主要用形象来思考。
>
> ——马克希姆·高尔基

如果大风吹起来，木桶店就会赚钱。

你能想到"大风吹起来"和"木桶店赚钱"之间的联系吗？比如：

当大风吹起来的时候——沙石就会满天飞舞——以致瞎子增加——琵琶师父会增多——越来越多的人以猫的毛替代琵琶弦——因而猫会减少——结果老鼠相对地增加——老鼠会咬破木桶——所以做木桶的店就会赚钱。

虽然这只是一个笑话，但是由此我们也可以看到事物之间存在着纷繁复杂的联系。

联想是一种能够从一事物推及另一事物的创新思维过程和思维能力，它对于形成有创造性的设想具有重要而巧妙的作用。它就像思维的一对翅膀，能够帮助思维不受限制地自由翱翔。有良好创造力的人，无一不具有很强的联想思维能力。

根据思维方式的不同，联想思维可以划分为相似联想、相关联想、对比联想以及飞跃联想四类。

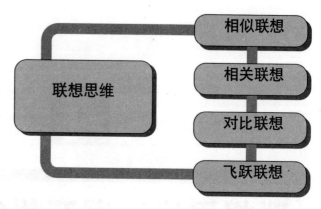

相似联想

相似联想是指通过对事物之间相似的现象、原理、功能、结构、材料等特性的联想，寻找解决问题的方法的思考过程。善于观察、善于思考的人很容易找到事物之间的相似点。

只要你愿意寻找，就会发现很多事物之间都有相似之处。秦牧在《榕树的美髯》一文中写道："……松树使人想起志士，芭蕉使人想起美人，修竹使人想起隐者，槐树之类的大树使人想起将军。而这些老榕树呢，它们使人想起智慧、慈祥、稳重而又历经沧桑。"细细琢磨一下，松树与志士之间，芭蕉与美人之间，修竹与隐者之间，槐树与将军之间，榕树与老人之间确实有相似之处。

相似联想的两个事物，可能在形态和属性上有天壤之别，但只要其某一特性上有哪怕一点的共同点，就都有可能进行奇妙的联系。

现在的职业短跑选手在比赛的时候，起跑方式都是统一的蹲式起跑，可在一个世纪以前，人们采用的都是站式起跑。

舍里尔是一名澳大利亚的短跑运动员，他在一次很偶然的机会发现袋鼠的起跳方式十分奇怪：它们总是先蹲伏下来，以腹部贴近地面，然后一跃而起。舍里尔由此联想到了起跑，经过几次尝试，他发现蹲式起跑果然比老式的站立起跑效果要好很多，这种方法帮助他获得了优异的比赛成绩。后来，蹲式起跑的方式便逐渐通行，并沿用至今。

从野生动物的行为方式联想到人的运动方式，这的确很巧妙。不过，相似联想的魔力并不仅仅限于此。

雷伯是一名精神病医生，一天他在海边散步的时候亲眼目睹了涨潮与退潮，他知道海水的涨退与月球引力有关。

雷伯望着潮水，突然间他想到了自己医院里的精神病人，他们的精神状况也是时好时坏的，而且似乎也存在着某种规律。联想到这里，雷伯有了一个别人看来很可笑的念头：研究月球变化与人的生理、行为、精神的关系。经过认真的研究，他发现，精神病人每到月圆之夜，病情便会有一定的加重迹象，而且各种生理指数也会有变化。再进一步扩大研究范围，他更是惊奇地发现，即使是正常人，其生理活动也会随着月相的变化而变化，只是稍微轻微一些。雷伯由此发现了"人体的潮汐"，为医学界开辟出一个新的领域。

在上例中，雷伯的相似联想已经超越了生命体的范畴，而是将人和潮汐这种自然现象联系起来，并取得了极有价值的研究成果。

可见，相似联想的适用范围极其广泛。

不过，需要注意的是，相似联想不是将两个相似的事物生硬地拉扯到一起，用其中的一个去套另一个，而必须要真的从解决问题的角度出发，来获得创新性的真知灼见。如果做不到这一点，那样的联想是无意义的。比如说，舍里尔从袋鼠的身上如果学到的不是起跑方式，而是它蹦蹦跳跳的跑步方式，那在赛场上一定会引起哄堂大笑。

相关联想

世界上的任何事物都不是孤立的，它们总是在时间或空间或属性或作用上有着千丝万缕的联系。亚里士多德说："我们的思维是从与正在寻找的事物、相类似的事物、相反的事物，或者与它相接近的事物开始进行的……由此产生联想。"

所谓相关联想，就是对事物或者现象之间存在的相关性进行联想，从而得到启发，找到创新的途径。

一家新办的电表厂，其生产的新式电表不但质量好，而且具有很多实用的新功能，正是市场上所需要的。但是，作为一个新的企业，他们没有大的财力来进行产品的宣传和广告，只能一家家地上门推销。当地的用户毕竟是有限的，怎样才能把产品尽快地打入市场呢？

厂长为这个问题颇费脑筋，却一直没有什么好的办法。这一天，他偶然翻了翻桌子上的电话簿，发现上面标着很多企业的地址，其中的不少企业都购买过自己的电表。厂长灵机一动，通过电话号码簿不就能了解有多少企业，有哪些企业大概会购买我们的电表了吗？这样再去找他们，不是就有针对性了吗？

于是，厂长专门邮购了周边几个城市的电话号码簿，从其中找出潜在的客户，按照地址给他们发去了产品的说明书。果然，没过多久，就收到了各地发来的大量订货合同。

由电话簿联系到寻找客户，这便是相关联想的作用，也是厂长的高明之处。

相关联想可以让思考者从宏观上把握事物之间的相互关系，从而作出对自己有利的决策。在这个信息飞速更新的社会，各种信息铺天盖地地袭击我们的眼球，也许看似两个毫无关联的信息之间会具有某种相关性。如果你能把握信息之间的关系，并利用其中有用的部分，也许就能得到新的创意。

对比联想

所谓对比联想，是指利用事物之间的相互矛盾关系进行的联想。

这种联想，由于其鲜明的差异性，很容易激发联想者的丰富想象力，从而得到有创造性的设想和方法。

一家玩具厂商生产了一种黑色的名叫"抱娃"的玩具，但是很长时间过去了，这种玩具的销量却一直上不去，产生了大量的积压。人们似乎对于这些黑皮肤的"抱娃"一点也不感兴趣。

玩具厂商的负责人为此很郁闷，想不出什么应深入对的办法。这时，有一名业务员忽然提出了一个建议，既然这些"抱娃"都是黑色的，那么我们就突出这个特点，并以此来作为卖点。负责人一听这个建议有道理，于是开始研究方案。很快，他们想出了一个办法：让商场中的塑料服装模特抱着"抱娃"，这些服装模特"肌肤"雪白，抱上这一个个黑色的娃娃，十分醒目。果然，不少顾客注意到了这种玩具，并表现出了兴趣，纷纷打听何处有卖。

玩具厂商一看这种宣传奏效了，便干脆雇用了一些身材高挑、皮肤白皙的女模特，抱着"抱娃"专门在人流密集的地方走动。这样一来，怀抱"抱娃"一时间竟成了一种时尚。商场中的"抱娃"立刻大卖，不但积压的存货销售一空，而且供不应求。

这一商业宣传的成功，正是在于商家巧妙运用了对比联想的方法，通过对比突出了玩具的特点，引起顾客的兴趣。

飞跃联想

飞跃联想是一种奇异的联想方式，也可以称之为突发奇想。它是把看似毫不相干的事物联系起来，并通过充分的想象，寻找到其中的共性或可以相互作用的东西，以得到具有创造性的设想。

17 世纪著名的数学家和化学家勒内·笛卡儿在很长一段时间内都在思考这样一个问题：几何图形是形象的，代数方程是抽象的，能不能将两者结合起来呢？为了解决这个问题，

灵活运用联想思维，常常能打开我们的思路。

他整日沉思，想尽了各种办法，但是却找不到很好的突破方向。有一天早晨，当他睡觉醒来的时候，发现一只蜘蛛正在天花板上爬动，他躺在床上耐心地观察，忽然头脑里冒出一个想法：如果把这只蜘蛛看作一个"点"，那么墙和天花板就是一个"面"，墙和天花板相连接的就是"线"了。蜘蛛这个"点"和"线"、"面"之间的距离显然是可以计算的。

在此基础上，笛卡儿经过严密的思考和数学演算，将看似毫无联系的数和形稳定地联系在了一起，数学领域的一个重要分支——解析几何学被成功创立。这套数学理论体系引起了数学界的一场深刻革命，成功地解决了许多生产和科学技术上的难题，并为微积分的创立奠定了坚实的基础。

但是谁能想到，如此重大意义的发现，竟然源自一只蜘蛛的启示！

飞跃联想所串联的事物，看似毫不相关，比如蜘蛛和解析几何学，但是，具有创造性思维的人却能从这看似无关的事物间巧妙地找到联系，这并不能简单地归于突发奇想或者是运气使然。

要想通过飞跃联想获得创造性的认识，头脑中就首先应当具有产生这种认识的诉求。笛卡儿看到蜘蛛爬行联想到几何坐标，这并非偶然，而是由于他长时间以来一直在考虑这个问题，内心形成诉求，一旦出现可能产生联想的有帮助的机缘，他就立刻抓住，并进行深层次而并非表面的思考。如果不是之前的苦苦思索与大量准备，任一个比笛卡儿聪明 10 倍的人，他眼中的蜘蛛也不会变成坐标点。

其次，飞跃联想也并不是天马行空、不着边际的猜想，它虽然表现得很灵活，但是有价值的飞跃联想，其事物之间必然会在某一点上有着联系。或者说，有一个平台能使两种或多种事物进行交流。笛卡儿的例子中，如果没有数学思维这一个平台，一只爬来爬去的蜘蛛是毫无意义的。

因此，飞跃联想思维看似简单且突如其来，其实不然，功夫全在事外，平常要多注意积累和思考，使自己具备一颗有准备的头脑。

5

转换思维：化难为易，触类旁通

> 生活应该有很多选择，你可以这样选，也可以那样选。如果这条路走不通，那么就走另一条。
>
> ——诺斯

强尼是一位参加过第二次世界大战的退伍士兵，战争在他身上留下了很多的伤痕。

一天，强尼和他的太太去海边游泳，当强尼赤裸着上身走在海滩上时，几乎所有的人都在注视着他。强尼知道他们是在注视他身上那些骇人的伤痕，那些目光让强尼很不舒服，他干脆裹上浴巾躺到了一边。

又过了一周，当强尼的太太再次要强尼和她一起去游泳时，强尼拒绝了。虽然强尼没有说出理由，但是聪明的太太已经猜到了原因，于是她对强尼说道："亲爱的，我知道你为什么不愿意去游泳，是因为你对自己的伤痕产生了错觉，我要告诉你，你的那种想法是不对的。"

"不对的?"强尼不由反问道。

"是的，不对。你认为你的伤痕是丑陋的，所有的人看到后都会在心里嘲笑你。其实根本不是这样，已经有不止一个人向我打听你，他们对你满怀敬意，知道你一定是一位战斗英雄！"太太微笑着说道。

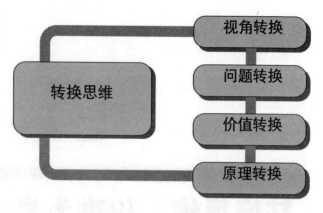

"啊？是这样！我说他们为什么都在看我！"强尼跳了起来，刹那间，心底所有的自卑都烟消云散了。从那以后，强尼甚至爱上了游泳，尽管他不是一个爱显摆的人。

而只有强尼聪明的太太知道，根本没有人向她打听自己的丈夫。天知道那些人到底是怎么想的！但是结果不错。不是吗？

这个小故事告诉了我们什么？

是的，你已经轻而易举地想到了，那就是：对于同一个问题，有时我们仅仅需要换一下思路，问题的最终结果就会大不相同。

这即是转换思维。转换思维要求我们在观察和解决问题的时候，要学会转换视角，在通过不断地视角转换中，选择一个科学合理的观察基点，这样对解决问题大有裨益，往往能使山穷水复的思路变得柳暗花明起来。

转换思维之所以具有重要的意义，主要因为以下3个原因：

事物本身会有众多不同的侧面，从不同侧面入手，结果往往会有很大的差异。

任何事物都不是孤立存在的，从联系的观点出发，会牵一发而动全身。

事物的发展存在无限多的可能性。

因此，当你具备了这种能够因地制宜、因时制宜、因事制宜，及不断变换思维角度和问题切入点的思维能力后，才能够不断发现问题的新触角和新亮点。

做一个测验：

现在有 3 个由木棍拼成的三角形，请你只改变两根木棍的位置，使这 3 个三角形都不存在。

你会怎么做呢？

如果你只从图形的角度入手，改动任何两根木棍，都是无法使全部三角形被破坏的。那么，为什么不从另一思路入手呢？比如说，数学的角度：

$$\triangle - \triangle = \triangle$$

这样，变成一个简单的减法，用一个三角形减去另一个三角形，是不是所有的三角形都没有了？

转换思维同时又可以细分为以下多种。

视角转换

由于事物是多侧面的，当我们从一面无法得出结论或者好的结论时，不妨看看另一面。

一天，皮鞋厂的两个推销员来到一个小岛上，为其产品拓展销路进行调查。

经过一天的调查，其中一个调查员垂头丧气地给皮鞋厂拍回电报："这个小岛的居民从不穿鞋，这里没有一点市场。"

而另一名推销员则发回了兴奋异常的电文："这里蕴藏着无限的商机！这里的每个人都没有皮鞋，一双也没有！"

结果，皮鞋厂任命后一位推销员作为这个小岛的产品营销总管。经过一系列有创意的宣传活动，小岛居民对皮鞋产生了浓厚的兴趣，也从此改变了不穿鞋的传统。这位善于从另一方面看问题的推销员自然也收获颇丰。

问题转换

有时，我们碰到一个棘手的问题时，绕开它会比费尽全力去解决效果更好。

圆珠笔最早是美国人发明的，但是却一直得不到很好的推广使用，这是因为人们在使用圆珠笔时，总会遇到一个讨厌的问题：圆珠笔芯的滚珠由于磨损，会漏油，弄污书信。

事物是多侧面的，当我们从一面无法得出结论时，不妨看看另一面。

美国人因此费了很大的脑筋，想找一种耐磨的材料来制作圆珠笔芯的滚珠，但这无疑会增加圆珠笔的成本。因此，研究工作一直很不理想。

最终解决这一问题的是一个日本人。

一个年轻的日本人偶然地冒出了这么一个想法：既然不能解决圆珠笔芯的滚珠，那为何不从圆珠笔芯里的笔油入手？

经过一段时间的研究，他发现，基本每当用圆珠笔写到1.5万到2万字的时候，圆珠笔芯就会开始漏油。于是，这个聪明的年轻人从这一点入手，把圆珠笔芯中的油量减少到可以写1.5万字左右的量。这样，还不等圆珠笔漏油，油就已经用光了，只需再重新更换笔芯即可。

就这样，他巧妙地解决了漏油的问题！

价值转换

吸水纸如今被广泛使用，但是你知道它的由来吗？它并不是某位发明家在实验室中的发明，而是一次偶然失误的产物。

一次，德国某造纸厂的一位技师由于粗心大意，忘记了向纸浆中加胶，发现后他十分着急，因为这样生产出的纸是无法用来写字的。那么应该怎么办呢？

面对生产出的一大堆"废纸"，这位技师并没有将其统统丢弃，而是仔细研究它们是不是还会有别的用途。终于，他发现，这种"废纸"由于没有加胶，其中的空隙很多，纸质松软，吸水性很强。

技师灵机一动，把这些"废纸"裁切成小条，然后送到了商店。

第二天，商店的新商品栏中多出了这么一条："新到商品：吸墨水纸。"结果大受欢迎。

聪明的技师就是这样把一堆看似无用的"废纸"变成了财富！

原理转换

原理转换实际上更是一种生活的智慧，它要求人们善于从简单的现象中分离出本质的原理，然后嫁接使用到对己有用的地方去。

有一段时间，斯潘塞的工作是装设和维护雷达天线。在工作的时候，他经常会发现一件怪事，自己放在上衣口袋中的巧克力会莫名其妙地融化。斯潘塞搞不明白了，天气也不热，身边又没有能发热的设备，巧克力怎么会化掉呢？难道是因为自己正在维护的雷达设备？

斯潘塞经过仔细地研究，终于发现：原来正是雷达！雷达发出的电磁波能引发物体内部分子的剧烈运动，从而产生热量，因此他的巧克力融化了。

斯潘塞并没有就此停止思考，他把这一发现联系到了烹饪上，电磁波会不会也能加热食物呢？

顺着这一思路，很快，世界上第一台微波炉诞生了。

6

迂回思维：另辟蹊径

> 只要你不赶时间，完全可以绕地球一圈，然后从一个完全相反的方向进入你家后院。
>
> ——波尔多

一位外宾有一次在一家餐馆用餐，他对所使用的筷子爱不释手，于是在用餐结束后顺手将筷子揣进了口袋里。这一幕恰巧被一名餐馆服务员看到了，这双筷子价值不菲，怎样才能不使外宾将其带走呢？

眼看着外宾起身就要离开了，服务员灵机一动想到了一个好办法。她重新拿出了一双包装完好的筷子，走到外宾身边说："先生，您好，刚才我看到您对我们这里的筷子十分喜爱，对此我们深表荣幸。可是这种筷子使用后如果没有经过严格的消毒，就可能对您的健康造成危害。因此，我为您准备了一双全新而且带有精美包装的筷子。如果您真的喜欢，我们可以以最优惠的价格将它卖给您，费用将一同结算在您的餐费里，您看这样可以吗？"

外宾听服务员这样说，知道自己刚才的举动被人看到了，十分不好意思。幸亏这个台阶给得好，于是他把原先那双筷子拿出来送还给服务员。"既然不消毒就不能使用，那我还是要新的吧,哈哈。"说完，他接过那双新筷子，向收款台走去。

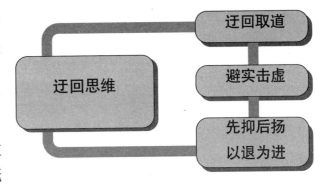

聪明的服务员用这么一个小小的计策，既拿回了筷子，又避免了客人的尴尬,还为营业额添了一笔,可谓一举三得。

创新活动往往是模糊的，在进行创造性思维的时候，时常并不能直接达到你所追求的目标。这时，除了保持忍耐力外，适当地采取一些小技巧，使用迂回的方法另辟蹊径，同样不失为妙招。

迂回取道

不知你是否登过泰山的十八盘，那一级紧接一级几乎没有歇脚地方的十八段台阶不知让多少游人望阶兴叹，几乎没有人能一气登顶，甚至有不少人知难而退。但是，泰山上的挑工一天要在十八盘上走五六个来回。他们的登阶方式很古怪，不是走直线，而是走之字形的路线,这样尽管会多出很多路程，但是这样却能够最大限度地节省体力，因此他们不但能够登顶，而且一天能登上五六次！

从这其中，我们能够得到很多的启示：前进的道路并不一定都要是笔直的，以迂回取道的方式我们同样能够稳步前进。

一位宫廷画师被慈禧太后召见，慈禧给了他一张 5 寸长的宣纸，却要求他画一个 9 寸高的菩萨，这明显是在为难人。周围的人都替画师捏了一把汗。

画师思考一阵，有了主意，于是挥毫泼墨，开始作画。当画作好之后，慈禧亲自来看。画幅在众人面前展开时，所有人都不由在心里大赞画师的聪明，连慈禧都不由得连连颔首，表示赞许。

原来，画师画的是一个正弯着腰，在捡拾地上一根柳枝的菩萨，如果画中人直起腰来，正好 9 寸！

聪明的画师正是由于能够巧妙分析，迂回变通，才很好地解决了这么一个明显意存刁难的问题。

避实击虚

当摆在你面前的问题难以解决时，看看它的侧面或背面，因为所有的问题必然会有解决的办法，关键就是你能不能找到它的"虚"处。

邓艾是三国时期的魏国大将，智勇双全。邓艾于景元四年（公元263 年）奉命攻打已显颓势的蜀国，一路势如破竹，但是攻到蜀中门户剑阁的时候，攻势却受到了阻滞。蜀中名将姜维调集大军在剑阁进行严密的防守，魏军连攻数月，未获寸功。

这时，邓艾想出了一条险计，他一方面在剑阁进行佯攻，另一方面亲自率领精兵从阴平偷渡，开山凿路，历尽艰难险阻，邓艾甚至身先士卒，身披毡毯带领军士从悬崖上滚下，九死一生，终于抄到了蜀国兵力薄弱的后方。之后的进军几乎一帆风顺，在击溃几小股抵抗后，魏军长驱直入，直抵成都城下，无兵可用的蜀主刘禅只得出城投降，蜀汉灭亡。

邓艾以其惊人的胆识，采用避实击虚的巧妙战略获得了巨大的成功，也使自己成了一代名将，彪炳史册。

只要你不赶时间，完全可以绕地球一圈，然后从一个完全相反的方向进入你家后院。

先抑后扬，以退为进

当局面不利时，不要一味蛮干，适当地退上一两步，以退为进，积蓄力量，才能更好地进取。记住，适当地让步并不是退步，微微下蹲，是为了跳得更远。

台湾地区的十信集团在 20 世纪 50 年代刚刚成立的时候，只是一家很不起眼的信用社，面对当时已经实力相当雄厚的台湾地区的金融界巨头们，十信的确是太渺小了，业务十分难展开。当时台湾地区的几大银行金融巨头，几乎已经和所有的大财团、大企业和富商建立了牢固的合作关系，十信没有实力也不可能在其中分到一杯羹。

但是，十信的董事会主席蔡万春并没有失去信心，面对困局，他制定了一条"亏本发展策略"，明确提出十信发展的头两年不要求盈利。这在当时许多人看来，完全是一种自杀性的商业行为，但是蔡万春并不这样想。面对市场情况，他将目光放到了广大的中小投资者身上，提出了"一元钱即可开户"的服务承诺，不少金融界人士对此很不以为然，一元钱连手续费都不够，这样下去怎么可能把企业做大做强呢？

但是，十信之后的发展令这些曾经嘲笑过十信的人目瞪口呆。在头两年，十信的确不但没有赚到钱，而且亏损不少，但是其"一元钱开户"的服务获得了广大中小储户的欢迎，很多时候甚至要排长队才能在十信开个户头。时间一久，十信的知名度、信誉度和储户数量都大大提高了，不仅仅是中小储户，许多大储户也被吸引了来，存款额暴增。在短短的几年内，十信就由一个名不见经传的小信用社一跃而跻身于台湾金融巨头行列。

而今，十信集团已经成为拥有 17 家分社、10 万社员、存款额高达170 亿新台币的大社，列台湾信用社之首。

今天的成功，是离不开最初那两年的"亏本发展策略"的。

7

纵向思维：一眼看穿本质

> 智者是具有一眼看穿事物本质能力的人。
>
> —— 阿拉伯谚语

从前，有一个管家，管理着一座庄园，他对于工作兢兢业业，忠于职守。可是，有一段时间，一件事情却令他十分头疼：庄园中的一间房子里总是散发出难闻的气味，令人无法忍受。管家为了解决这个问题，一开始是在屋子里喷洒香水，用香味来掩盖臭味，但是香气散去后，那种味道又会出现。这样反反复复几次，管家十分恼火，干脆把房间里的东西都搬了出去，然后仔细检查房间。当管家带人撬开地板时，他发现了一条死蛇。

如果这条死蛇不被发现，房间内的气味便永远不会消除。

这个小故事对我们有一定的启发，很多时候，不少人碰到问题后，所关注的往往是怎样解决问题及采取什么样的方法能够解决问题，而不是考虑问题出现的根本原因到底是什么。这种做法看似正确，但实际上很多时候，我们只是像那个管家一样，在一遍遍地喷洒香水，掩盖问题。

这正是因为，不少人缺乏能够一眼看到本质的能力。

发现地板下的死蛇，一眼看穿事物的本质，这相比于喷喷香水，解决一些表面或暂时的问题，难度的确要更大一些。但是，一旦事物的本质被掌握，整个事物就可以被掌握，就可以彻底地解决问题。

纵向思维就是看穿事物本质的思维方法。其思维过程大致是这样的：从事物的表面现象着手，纵深发展，在经过理性的剖析之后，发现存在于现象之后的深一层的事物的本质。

锻炼纵向思维有助于养成深入分析问题、透过现象看本质的良好的思维习惯，对于提高创造力有重要的帮助。

从本质上把握事物

柏拉图曾经创立了一种"理型"的学说。他认为世界上的事物是"理型世界"中"理型事物"的影子，而这种"理型"是存在于人的思维和意识中的，也就是我们常说的"理解到的东西"。

比如说，桌子的样式各不相同，但是说起桌子这个词，我们能想到的事物就是桌子，虽然每个人所想到的桌子是千差万别的形状，但是这个事物绝对不会是椅子。我们头脑中的这个"桌子"，就是一个"理型的桌子"，我们都清楚它所指称的外延。

柏拉图的学说很深奥，他的"理型"是指一种离开具体事物而独立的精神实体，并非主观意念。

一个问题的表现形式可能是多样的，但是，其归根到底的本质却只有一个。进行纵向思维，最重要的一个目的就是抓住问题的本质，从本质上把握事物。只有这样，我们的头脑才会清晰，才不会被事物的各种外

智者能一眼看穿事物本质，一旦事物的本质被掌握，整个事物就可以被掌握。

在表现所迷惑，也才能够直接找到"地板下的蛇"，从根本上解决问题。

预见事物的发展方向

纵向思维对于预见事物的发展也有重要帮助，可以说，人的预见力就是建立在通过纵向思维而得到的对于事物本质的把握上的。

通过纵向思维把握事物的本质、结构和性质，然后再从这个基础上入手，科学地预见其未来的发展趋势。这种例子在科学和社会发展史上不胜枚举。

早在1894年，俄国的科学家齐奥柯夫斯基就对未来航空事业和人类空间生存的发展做出了大胆的预测，其预测的发展轨迹是这样的：

制造带有翅膀和一般操纵功能的火箭式飞机

逐步改进飞机，使其翅膀缩小，牵引力和速度增加

可以驾驶新型飞机进入大气层

飞至大气层以外及滑行降落

建立大气层外的人类活动站

宇宙飞行员用太阳能来解决日常生活问题，包括呼吸、饮食等

登月

制造太空衣，使人可以直接在太空中活动

在地球周围建立居民点

太阳能不仅用于饮食和使生活舒适，而且应用于使整个太阳系产生位移

在小行星带上和太阳系里其他不大的天体上建立移民区

在宇宙中发展工业

达到个人和社会的理想

太阳系居民比目前地球上的居民多1000万倍，已经达到饱和，开始向整个银河系移民

太阳将"熄灭"，太阳系的残存居民转移至另外的"太阳"

在齐奥柯夫斯基提出这些设想的时候，人类的航空事业还基本处于空白的阶段，连莱特兄弟的飞机都还没有问世，人类的外太空生存更似乎是天方夜谭。但是，今天我们再看，这15个设想，有8个已经完全变为了现实，而且与齐奥柯夫斯基的设想竟是如此惊人的相似！

这并不是齐奥柯夫斯基具有什么未卜先知的特异功能，而恰恰是因为他优秀的纵向思维能力，才有了如此具有远见卓识的预见。

不仅在科学领域，在其他领域，纵向思维所带来的预见力也起着重要的作用。

诸葛亮躬耕于南阳，居于草庐，不问世事，却能够得出三分天下的精到论说，高瞻远瞩。这不但体现了他超常的预见能力，而且也为尚未成型的蜀汉帝国指明了前进的方向。

计算机技术原本是用于军事领域的一种新发明，但微软公司的创始人比尔·盖茨看到了它广阔的发展前途，于是将其引入民用领域，并开发出直观简便的可视性操作系统，从而以首发优势迅速占领了市场，使微软公司一跃而成垄断性的"超级公司"。

纵向思维的基本点就是要求人们目光远大，不要鼠目寸光，要用发展的眼光关注未来的前景，抓住未来的发展趋向，制定相应的决策，从而牢牢掌握住人生和事业发展的主动权。

如何运用纵向思维

运用纵向思维，我们可以从以下4个方面着手。

培养敏锐的观察力

深入观察，获得丰富的感性认识是进行任何理性思维的前提。只有通过观察，全面掌握事物的基本信息，才有可能通过去粗取精、去伪存真的一系列头脑加工，最终获得真知灼见。

不过，进行纵向思维所需要的观察，并不仅限于表面的用眼看，更要用心观察，要能动性地观察。

用眼观察和用心观察，虽然都是观察，但是却有不同。用眼观察更多的只是看到局部和细节，没有总体的把握和了解，目的性不强，而用心观察则是一种有目的的寻找和认识。

我国古代《诗经》中有"螟蛉有子，蜾蠃负之"的说法，说有一种叫蜾蠃的小虫，只有雄的，没有雌的，只好把螟蛉衔回窝内抚养。后人根据这个典故，把收养义子称为螟蛉之子。南北朝时医学家陶弘景不相信蜾蠃无子，决心亲自观察以辨真伪。他找到一窝蜾蠃，发现雌雄俱全。这些蜾蠃把螟蛉衔回窝中，用自己尾上的毒针把螟蛉刺个半死，然后在其身上产卵。原来螟蛉不是义子，而是被用作蜾蠃后代的食物。陶弘景通过有针对性的观察，从而揭开了千年之谜。

古人看到蜾蠃将螟蛉衔回窝内的现象，认为蜾蠃是在收养螟蛉，这就是一种只看到表面和局部的"用眼观察"，而陶弘景却用心细致观察，最终追踪到蜾蠃习性中不为人知的一面，从而改变了古人的错误认识，并发现了一种新的生物现象。

凡事问个"为什么"

没有疑问的学生不是好学生。同样，没有疑问的头脑也不会是聪明的头脑。

历史上以智慧留名的人，没有一个不是善问之人。

如何运用纵向思维

培养敏锐的观察力

↓

凡事问个"为什么"

↓

透过现象看本质

↓

看到价值之后的价值

　　爱迪生只上过 3 个月的小学，可以说基本没有受过什么正规的教育。但是，他有一个特殊的爱好，就是看到什么现象都喜欢问个"为什么"，以至于后来把身边的人都问烦了，看到爱迪生过来，他的伙伴和家人就会感到头疼。但是，正是有着善于发现问题的眼睛和头脑，才使得他日后成为一名伟大的发明家。

　　被尊称为"圣人"的孔子，学问渊博，门徒三千，但是他一点也不碍于自己的身份而耻于向别人求教。有一次，孔子去太庙祭祖，他感到很多器物都是很新奇的，于是向太庙的管理者问这问那。有学生提醒老师："您学问出众，这些小的事情是不足一问的。"孔子听后却回答："那什么是值得问的呢？每事必问，这有什么不好吗？"

　　又有一次，他的弟子求教："孔圉死后的谥号，为什么叫作文子？"孔子回答说："聪明好学，不耻下问，因此配称为文子。"

　　凡事问个"为什么"，这对于认识事物，并由事物的表象向本质的探索，具有促进作用。可以说，任何有价值的发现和创造，都是从一个很普通的疑问开始的。

透过现象看本质

　　思考者要透过现象看本质，不应当被假象所蒙蔽。要善于放弃细枝末节，抓住事物的本质，这样往往会起到事半功倍的效果。

　　全球知名的网络商务公司"亚马逊"的创始人贝索斯刚刚创办公司，经营网上商务业务时，对在自己的商务网上首先出售什么商品进行了一番思索。

　　当时，他的选择有两个：音乐制品和书籍。按照当时的市场需求，出售音乐制品所赚取的利润显然会更大一些，但是，贝索斯最后还是选择了出售书籍，这是为什么呢？

　　原来，贝索斯在思考分析的过程中，发现了传统出版行业中的一个根本性的矛盾：出版商和发行零售商之间的业务目标相互冲突。

　　出版商在图书印刷出版之前，总是要先大体确定一下市场需求量。

而市场是难以预测的，这个需求量十分不好掌握，于是出版商总是会多印一些，然后发给零售商去销售，为了鼓励零售商多订货，出版商往往会允许零售商把卖不完的图书再退回来。这样，出版商就会承担所有的风险，而零售商却大可以放心赚钱。

贝索斯注意到这是一种市场需求和生产之间的脱节，因此他认为，运用互联网让顾客直接向出版商下订单，就可以消除中间环节的盲目和无序，做到以销定产。这样不但能保证产销合理化，而且更重要的是其中隐藏着巨大的利润。

于是，贝索斯锁定了这一市场，全力进行经营。不久之后，亚马逊公司的市值就超过了400亿美元，拥有了450万的长期客户，每月的营业额超亿元。

贝索斯的成功就在于他敏锐的洞察力，他看到了表象背后的本质，并充分利用了自己的发现。

看到价值之后的价值

看到价值之后的价值，要求我们运用纵向思维预见事物的发展。

创造性思维最重要的一点，就是要不断地创新，而不能原地踏步，即使再巧妙的设想和再有利可图的事业，如果失去了进一步发展的动力，那它也会很快地被淘汰掉。

因此，面对问题找到一个答案并不是结束，而应当继续寻找是否有更好的答案。

20世纪初，推销员出身的金·吉列发明了安全剃须刀，在投放市场后大受欢迎。不久，吉列剃须刀公司就占领了剃须刀

透过现象看本质，不要被假象所蒙蔽。

市场 90% 的份额，俨然成为龙头老大。

然而，就在吉列公司故步自封、满足于现状时，一家小公司戈斯曼公司却开始不动声色地研究吉列公司的产品。这家小的剃须刀公司秘密地进行了大量的市场调查，力图找到吉列剃须刀的弱点。

不久之后，戈斯曼公司推出了一种新的剃须刀片，它不同于传统的刀片，可以两面使用，更安全耐用，而且不但能够装在戈斯曼刀架上使用，还可以安装在吉列剃须刀刀架上使用。这种刀片一推向市场，立刻抢去了吉列的大量用户。更令吉列生气的是，许多用户用着吉列的刀架，频频更换的却是戈斯曼的刀片！

吉列奋起反击，也照葫芦画瓢生产出了双面刀片。但是，不久以后，戈斯曼公司又推出了既可以安装戈斯曼刀片，又可以安装吉列刀片的刀架！当吉列公司推出了吉列牌通用刀架后，戈斯曼公司又研制成功了重量轻的刀架和不锈钢的刀片，几乎招招命中吉列的要害。

最终，吉列这个昔日的龙头老大，被戈斯曼这样的小公司抢去了大量的市场份额，从初期的 90%，下降到了 25%。

吉列的惨败正是由于没有进行进一步的创新，没有看到价值之后的价值。

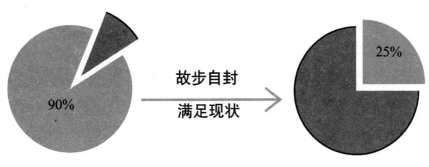

吉列公司剃须刀市场份额变化

8

系统思维：1+1 可以大于 2

> 整体大于各部分的总和。
>
> ——亚里士多德

1+1 是否可以大于 2？这个问题从数学角度讲是可笑的，但是在生活中，1+1 的确可以大于 2。

给你一个车轮，你可以把它改装成一个独轮车，用来搬运东西。如果再给你一个车轮，把独轮车改装成双轮的，你会发现，这辆双轮车的运载量要比两个独轮车运送的货物更多。这就是组合的功效。

第二次世界大战后日本工业的兴起，就是得益于对各种工业技术的吸收。日本从奥地利引进氧气顶吹炼钢技术，从法国引进高炉吹重油技术，从西德引进炼钢脱氧技术，从美国、苏联引进高温、高压技术，从瑞士引进连续铸钢和轧钢技术，然后将这些先进的技术进行改造，整合利用，从而在一个很高的起点上恢复了国家的工业能力。不仅如此，通过对这些技术的吸收整合，日本还逐渐摸索出了独特的全流程炼钢技术，并在 20 世纪 70 年代开始对外出口这种技术专利。

又比如，日本的松下电视机闻名世界，该公司的 400 多项核心技术大都是各国已有的，但是通过整合利用，所生产出的彩色电视机却是任何国家之前都没有的。

这些事例说明，进行创造并不一定要完全地通过自己的单打独斗，将别人的经验成果进行合理的整合，利用系统效应形成具有新功能的事物，同样也是创造。

这就要求我们要具有系统思维的能力。人的思维基本可以分为分析思维和系统思维两类。分析思维是指去粗取精、去伪存真，由整体到部分的思维方法；系统思维则是指由此及彼、由表及里，统观全局，由部分到整体的思维方法。提高创造力，就必须提高分析思维和系统思维能力。

系统思维	
材料综合	材料综合是一种最常见的综合方法，指把不同的、零散的材料作为要素汇集起来，形成一个系统，从而得到新的功用。
方法综合	同样的方法，放到不同的系统中，将会起到不同的作用。这种思维方式有助于取长补短，强强联合，从而形成更新更好的创造和设想。
先分后合	任何一个事物本身都自成一个系统，有时先将它分离，然后再进行合并，往往能够获得一种新的产物和发现。

材料综合

材料综合是一种最常见的综合方法，指把不同的、零散的材料作为要素汇集起来，形成一个系统，从而得到新的功用。

20 世纪 30 年代，欧洲大陆处于战争的阴云之下，纳粹德国正在加紧进行扩军备战，第二次世界大战一触即发。就在这时，英国一位作家出版了一本小册子，在册子中，他详尽地介绍了德军的战力情况，其中包括德军的各集团军情报、军区位置，甚至就连一些刚刚组建的新军情况和一些中层军官的简历，这本小册子也都有涉及。这大大暴露了德军的实力，而且有的内容完全是属于高度机密的。

德国情报组织得知这个情况后，相当震惊，于是秘密将那位英国作家绑架到德国进行审讯。然而审讯的结果却让所有的人不可思议，那位作家竟然说他的写作材料全部来自于德国公开出版的报刊！原来，这位作家长期以来一直关注着德军的各种信息，并对它们进行分类和整理，甚至连报纸上的结婚启事和广告也不放过。经过几年的材料综合，再加上自己的分析，于是形成了这本书。

一些看似无关紧要的内容和材料，经过有心人的分析综合，立刻变成了价值极高的情报。这无疑也是一种创造。

方法综合

同样的方法，放到不同的系统中，将会起到不同的作用。这种思维方式有助于取长补短，强强联合，从而形成更新更好的创造和设想。

说起拉链，一般人都会想到它是应用在衣服、皮包等物上的。你能想象在人的腹部装上拉链吗？

美国的一名外科医生史栋就做到了这一点。他常年给人做外科手术，有的手术需要进行多次的开腹，给病人带来了巨大的痛苦，而且还十分容易导致病人大出血，造成生命危险。在一次很偶然的机会，史栋想到了拉链的原理：利用链牙的凹凸结构，在拉头的移动中，实现牢固的嵌合和脱离。于是他萌生了将拉链安置在病人身上的想法，尽管当时受到了很多的质疑，但是他还是进行了一次尝试，他将一条 7 寸长的拉链移植到一名胰脏病人的腹部，并获得了成功。这种拉链可以在病人身上使用一到两周，术后摘除，不仅大大减少了病人的痛苦，降低了手术的危险性，而且还方便了手术操作，更换一次止血纱布只需要5分钟。

史栋将拉链的原理和方法综合到了手术操作上，从而创造了一种前所未有的医疗技术。

随着现代社会的发展，学科之间的联系越来越紧密，各学科之间的理论、方法等越来越可以相互渗透和转移，从而为方法综合带来了广阔的前景。

先分后合

系统思维，并不是一味地要求将事物都看作一个个的个体，然后试图将其整合为整体。其实任何一个事物本身都自成一个系统，有时先将它分离，然后再进行合并，往往能够获得一种新的产物和发现。这即是先分后合的思想。

创立大陆漂移学说的法国气象学家魏格纳有一次卧病在床，百无聊赖之际，他盯着床头的世界地图思考起来。突然，他发现南美洲和非洲的海岸线轮廓似乎能合拢起来，这两个大陆像是被生生割裂开来的。这一发现使他惊奇不已，为什么会是这样呢？难道只是巧合吗？

魏格纳在进一步研究中更惊奇地发现，把几大洲的轮廓从地图上剪下来，然后进行拼凑，差不多正好能拼成一个圆形！这就证明几个大陆过去是连成一体的。在他这个假想学说的指引下，很多生物学家、地质学家和考古学家进行了进一步的研究，终于以大量的事实确立了大陆漂移的理论学说。

如果把整个地图看成一个系统，那么上面的一块块大陆图案就可以看作是一个个要素。魏格纳正是能从整体中分离出这些要素，然后再进行合并思维，先分后合，从而得到了这一重大发现。

系统思维不但需要我们有善于综合的头脑，还需要能够分离的眼睛。

9

辩证思维：没有绝对的不可能

> 世间万物都处于连续不断的运动之中，而且这种运动没有任何两种事物具有相同的形式。
>
> ——让-雅克·卢梭

若干年前，格林教授在《幼儿画报》上看到一个《3个猎人》的故事：

从前有3个猎人，其中两个没有带枪，另外一个不会开枪。他们碰到了3只兔子，其中有两只兔子中了枪，但是却逃跑了；另外一只没有中枪，倒下了。

于是他们提着那只逃走了的兔子一直往前走，来到一栋没有门窗没有屋顶也没有墙壁的屋前，他们叫出屋主人说："我们要煮这只逃走的兔子，向您借个锅。"

屋主人说："我有3个锅，两个打碎了，一个掉了底，你们要借哪个？"

"太好了！"3个猎人异口同声地说，"我们要借掉了底的那个。"于是他们用那个掉了底的锅，把那只逃走的兔子煮了，美美地吃了个饱。

格林教授把这个故事琢磨了老半天，也不知道这个故事是什么意思。于是他给《家教周刊》寄了一封信，指出了这篇故事那些显而易见的错误。

他的信刊出来以后，收到了许多读者来信，他们纷纷表示赞成格林教授的观点。格林教授深受鼓舞，又接连写了好几篇批评的文字。

一年之后，格林教授家里来了一位客人，他们俩虽然是第一次见面，但是却一见如故。他们谈到了很多社会上出现的稀奇古怪的事情，其中有些事情已经到了匪夷所思的地步。他们感到这些事情不可理解。不知不觉，他们已经聊了大半天了，那位客人突然问教授："您还记得《3个猎人》的故事吗？您现在能够读懂《3个猎人》了吗?"教授愣了一下，没有反应过来。客人却低头喝酒，没有解释。突然，教授想到了什么，说："最简单的真理往往最难发现，《3个猎人》就是要让孩子们从小就懂得，有很多不可能的事情往往会变成可能……"

"很多不可能的事情往往会变成可能"，的确如此。在很久以前，登上月球似乎是一个不可能的梦想，而现在人类正在忙于开发月球资源，在将来甚至可能移居到别的星球。太空遨游曾几何时也只是一个梦想，但是现在这个梦想已经悄然实现……人类历史上太多貌似不可能的事情已经变成了现实。

辩证思维的主要观点	
矛盾的观点	所有的事物无时无刻不处在矛盾之中，不论是简单或复杂的运动形式，不论是客观的事物或思想现象，都存在矛盾。矛盾推动着事物的发展。
因果联系的观点	任何事物的发生或产生都有其原因存在，同样，任何事物的发生或产生也一定会引起别的事物的发生或产生。
运动的观点	一切事物都是运动变化的，运动是绝对的，静止是相对的。

世界上没有一成不变的事物。随着主观和客观条件的改变，会使可能的变成不可能，也会将不可能的变得可能。这种思维就是辩证思维。

哲学上的辩证思维的含义十分广泛，它大致含有以下一些观点和理论，这些理论对我们进行创造性思考指出了另一条道路。

矛盾的观点

辩证思维认为所有的事物无时无刻不处在矛盾之中，这就是矛盾的普遍性。这个观点告诉我们，不论是简单或复杂的运动形式、不论是客观的事物或思想现象，都存在矛盾。正是矛盾在推动着事物的发展，没有矛盾就没有世界。以一场战争为例，有攻就有守，有进就有退，有胜利就有失败，不管失去哪一方，另一方也就不复存在。

矛盾是特殊的，即任何两个事物都是不同的。这种特殊的矛盾构成了此事物与别的事物的区别。因此，莱布尼茨说，天底下没有完全相同的两片树叶。不过另一方面，许多事物之间存在一些相同的特性，这些特性称为共性。那些与别的事物所不同的矛盾，称为个性。

矛盾是分主次的。这包含两个方面的意思：在同一个事物中，分为主要矛盾和次要矛盾，主要矛盾决定事物的发展方向；在同一个矛盾中，分为矛盾的主要方面和次要方面，矛盾的主要方面决定矛盾的性质。

因果联系的观点

辩证思维认为任何事物的发生或产生都有其原因存在，同样，任何事物的发生或产生也一定会引起别的事物的发生或产生。这就是事物的因果联系。

事物的原因分为偶然因素和必然因素。对"我们在吃米饭"这件事情，由于人体的生理需要，必须对身体补充能量，因此要向外摄取食物，这是必然的；但我们吃的是米饭则是偶然的，因为我们还可以吃馒头或者别的东西。我们吃多了东西会感到肚子不舒服，这是必然现象；但是我们某一次吃多了，却是偶然的现象。

从另一个角度来看，事物的原因分为内部原因（内因）和外部原因（外因）。内因就是事物内部的矛盾，而外因就是事物外部的矛盾。事物的内因决定事物的发展变化，而外因只是通过影响内因对事物产生影响。内因是事物发展的决定性因素。

运动的观点

辩证思维认为一切事物都是运动变化的，变化是一种常态，世界万物每时每刻都在发生或大或小的变化。地球村的发展使人与人之间的距离陡然缩小，经过努力你的考试成绩得到提高，这些都是变化。你坐在座位上睡觉，一动不动，但从大的方面说，地球每时每刻都在运转，那么你也跟着它在绕太阳运动；从小的说方面说，你的潜意识在运作，你的神经系统在工作，你的血液在流淌，你的细胞在分裂，或者说，你的各种器官随着时间的流逝正在发生微妙的变化——因此，你仍然是在运动的。

变化分为量变和质变，只有质变会使事物的性质发生变化，它是飞跃性的变化。"1"代表"有"，在它的基础上不断减少，0.1还是代表"有"，0.01、0.001……仍然代表"有"，只有当减少到"0"的时候才代表"无"。1到0.1、0.001……是"有"和"有"之间的变化，是量变,只有到"0"的时候才是"有"和"无"之间的变化，才是质变。

上述 3 个观点能够帮助我们解释为什么"没有绝对的不可能"。从矛盾的角度看，"不可能"存在对立面"可能"，这两者之间只需要一定的条件就可以相互转化；从因果联系的角度看，一定存在一个原因，使得"不可能"转化到"可能"；从运动的观点来解释则更为简单，因为事物总是发展变化的，没有一定不变的东西存在。

因此，不要再告诉自己"不可能"，要学着用你的创造力去实现它。

10

模仿思维：站在巨人肩上

> 创造力强的人，无不巧于模仿。
>
> ——大仲马

世界有名的玩具大王路易·马科斯有很高明的模仿能力。一次，他到台湾，见山里的小孩经常玩一种叫作"悠悠"的玩具，觉得非常有意思，于是就仿照它制作了一种新的玩具，带到了西方国家，结果赚了大钱。还有一次，他为了研究南洋土著居民的游戏，去实地考察，发现一种套在腰间转着玩的木圈很有意思，回国后就用塑料仿制了出来，这就是后来很流行的"呼啦圈"。

所罗门说："太阳底下没有一样东西是新的。"古今中外，无论科学还是艺术领域，模仿都是创造发明的很重要的一个环节。因此，人们常说"模仿是创造的第一步"，"创造力强的人都精于模仿"。

苍蝇是细菌的传播者，是人类最深恶痛绝的害虫之一，但是我们应用形象思考之后，可以把苍蝇身体的独特的结构和功能应用起来。苍蝇的楫翅是"天然导航仪"，人们模仿它制成了"振动陀螺仪"。这种仪器安装在火箭和高速飞机上，可以实现自动驾驶。苍蝇的眼睛是一种"复眼"，由3000多只小眼组成，人们模仿复眼制成了由上千块小透镜组成的"蝇眼透镜"。蝇眼透镜作为一种新型的光学元件，在很多领域都有价值。比如用"蝇眼透镜"做镜头可以制成"蝇眼照相机"，一次就能照出千百张相同的相片。这种照相机已经用于印刷制版和大量复制电子计算机的微小电路等方面，大大提高了工作效率。

其实人类很早就向动物学习了，比如向鸟学习筑巢，向青蛙学习游泳。但是直到20世纪60年代，人们才开始有意识地研究生物的构造、行为和习性，把其中的自然原理利用起来。

为什么要模仿

如果我们对孩子进行观察的话，可以发现他们学习东西主要是依靠模仿。他们学着别人的样子说话、吃饭、穿衣……模仿是孩子的天性。

如果说孩子的这些行为是一种本能的、无意识的模仿的话，那么在创造的过程中，我们的模仿应是积极的、有意识的。那些擅长模仿的人都懂得，模仿的意义在于继承和发展。因此，创造学中的模仿思维主要包括两层意思：一是模仿，二是在模仿的基础上有所创新。

詹姆士·瓦特曾经对人说："我不是发明家，我是改良家。"不管他的机器对世界历史的影响有多大，他说的的确是事实。如果托马士·纽克曼没有发明蒸汽机，那么瓦特蒸汽机是否会诞生将成为一个问题。不过，如今还有多少人记得纽克曼的名字呢？

但从另一个角度来讲，瓦特并不能否

模仿是创造的第一步。

认自己是一个发明家。历史上一切发明都莫不如此：在前人智慧的基础上，在巨人的肩膀上继续创新。没有人拥有一步登天的能力。

艾萨克·牛顿，17 世纪最伟大的物理学家。他在写给另一位物理学家胡克的信中曾说："如果我看得更远的话，那是因为我站在巨人的肩膀上。"

确实，牛顿的许多理论都是在总结前人经验的基础上提出来的。但是关键问题在于，他能够自觉地"站"在巨人的肩膀上。

日本是当今世界最擅长模仿的国家，这个传统可以追溯到建国伊始。在中国唐朝时期，日本"百事皆仿唐制"，承袭了许多优秀的汉文化，仿照汉字创立了日文，甚至模仿长安城建立了奈良城。西方工业革命后，日本开始了全盘西化的"明治维新"，全面模仿西方发达国家。第二次世界大战后，日本又开始模仿世界上最强大的国家——美国。

日本的超强模仿能力给它自身带来了诸多好处。唐朝时期的学习使它加速了向文明社会的发展；"明治维新"使它从一个落后的封建国家一跃而为世界资本主义发达国家；而二战后的模仿则使它在战争时期遭到的巨大破坏极快地得到恢复，并且在 20 世纪 80 年代成为世界第二大经济强国。

模仿需要注意的问题

在模仿的过程中，有以下 3 点需要注意。

一是去其糟粕，取其精华

鲁迅先生曾经有一篇文章《拿来主义》，文中精辟地论述了如何学习和借鉴间接经验，他的一个重要论点就是"取其精华，去其糟粕"。也就是说，我们在学习和模仿的时候需要分析哪些是可以借鉴的精华，哪些是不合时宜的糟粕，而不是胡子眉毛一把抓。

二是学"神"，而不是学"形"

许多人都听说过"邯郸学步"的故事。故事是这样的：一位少年听说邯郸城的人走路的姿势很美，于是他到邯郸城去学习。他到了邯郸城之后，看到小孩走路，他觉得活泼，学；看见老人走路，他觉得稳重，学；看到妇女走路，摇摆多姿，学……就这样，还不到半个月，他的盘缠便用完了，而邯郸人的走路姿势却没有学会，最后连自己原来走路的姿势都忘记了，只好爬着回家。这个故事意在讽刺那些生搬硬套、机械地模仿别人，最后不但学不到别人的长处，反而把自己的优点和本领也丢掉的人。我们在模仿别人的时候，一定要注意将他人的东西灵活地为我所用。

三是要不断创新

我们在模仿的同时还应该突破原有经验和思想的限制，找到合适的切入点进行新的创造，这才是创新中的模仿思维的核心所在。那些囿于别人思想、经验的人，是无法进行创新的。

模仿需要注意的问题	
去其糟粕，取其精华	在学习和模仿的时候需要分析哪些是可以借鉴的精华，哪些是不合时宜的糟粕，而不是胡子眉毛一把抓。
学"神"，而不是学"形"	在模仿别人的时候，一定要注意将他人的东西灵活地为我所用。
不断创新	在模仿的同时还应该突破原有经验和思想的限制，找到合适的切入点进行新的创造。

11

灵感思维：长期酝酿的爆发

> 在对问题进行了各方面的详细研究之后，巧妙的设想会不费吹灰之力地意外来临，犹如灵感。
>
> ——亥姆霍兹

我们大多数人都有过这样的体验：我们遇到了一个问题，百思不得其解，但是在某个时候，因为某个事件的触发，我们突然就有了解决这个问题的清晰的想法。这就是灵感思维。

灵感思维是人脑在某种情况的触发下，有意或无意地突然产生某些新的形象、新的思想，使一些长久思考却未能解决的问题突然得到启发或得以解决的思维方法。

我们可以在定义里找到灵感思维的两个重要特点，一是"长久思考却未能解决"，二是"突然出现新的形象、新的思想"。灵感思维的出现是以长期的努力付出为前提和基础的，世界上很多伟大的发明和优秀的文艺作品都是创造者顽强的、坚韧的创造性劳动的结晶。如果没有大量的准备工作，根本不可能有任何灵感的产生。灵感是一种在创造性工作中心理、意识方面的质变。简而言之，灵感是长期酝酿的爆发。

2000多年前，叙拉古国王希罗要阿基米德在不损害王冠的情况下检验其中是否掺有其他金属，这个任务难倒了阿基米德。

阿基米德知道最重要的问题是把皇冠的体积测出来，但王冠的形状太复杂了，他茶饭不思地对这个问题思考了很久。一天，他坐在澡盆中洗澡，水溢出来的现象一下子就触动了他——那溢出来的水，不就是自己身体浸在水里部分的体积吗？

阿基米德由此得到了启发，于是他首先称了王冠的重量，然后找来相同重量的纯金。最后，他把两者都放到装满水的盆子中。阿基米德发现王冠和纯金放进盆子后溢出来的水的体积不一样，因此断定王冠被掺了假。在此基础上，阿基米德发现了著名的浮力定律。

灵感是人们头脑中普遍存在的一种思维现象，同时也是人类能够自觉地加以运用的思维方法。运用一定的技巧，灵感就有可能被人们所捕捉和利用。

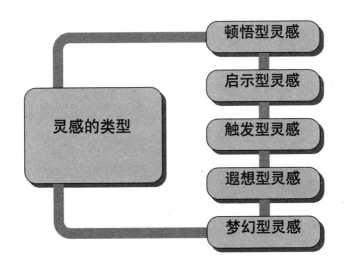

顿悟型灵感

顿悟型灵感是一种突然的感觉或理解，它是由疑难而转化为顿悟的一种特殊的心理状态。

苏联教育家马卡连柯花了 30 年时间搜集和整理了丰富的创作材料，但是却难以下笔——他还没有写作的灵感。直到有一天，他在跟卡米罗·高尔基进行交谈的时候，突然产生了灵感，茅塞顿开，于是创作了《生活之路——教育叙事诗》一书。

顿悟型灵感的最大特点是自我实现。跟其他类型的灵感不同，它可能跟其他人和事没有任何关系，只是自己的思考已经成熟，是一个"瓜熟蒂落"、自然而然的结果。

灵感来去匆匆，我们要学会"抓拍"灵感，才能实现灵感创新。

启示型灵感

受到别人或者某种事物或事件的启示而激发的创新型思维，称为启示型灵感。启示型灵感十分普遍。

19 世纪 20 年代的英国想要在泰晤士河修建世界上第一条水下隧道。但在松软多水的岩层挖隧道很容易塌方，因此无法施工。一天，一位工程师正在思考这个问题时，无意间发现一只昆虫在坚硬的外壳保护下钻进了很硬的橡树皮里。工程师突然得到了启发：他决定采用小虫子的办法，改变以往先挖掘、后支护的做法，而是先将一个空心钢柱体（构盾）打进岩层中，然后再在这个构盾下施工。这一方成功地解决了水下作业的问题。

能够启发人们灵感的事物有很多，要如何才能利用这些事物呢？最好的办法就是不轻易放过每一个对我们有用的现象。

一位美国科学家在河边钓鱼时，发现一只静伏在石头上的青蛙总能够准确无误地捕捉到从它面前飞过的昆虫。科学家对身手敏捷的青蛙十分感兴趣，从此以后，他用了两年的时间来研究青蛙眼睛的构造，结果发现青蛙的眼睛和人类的眼睛有很大的不同。通过进一步的研究，他制造出高精度的电子蛙眼。后来，美国空军用 20 万美元将这个发明买了下来，因为它比雷达能更准确地捕捉以 1.6 万公里时速飞行的东西。

触发型灵感

触发型灵感指在对某个问题进行了较长时间的探索和思考之后，接触到某些事物，这些事物引出了所思考问题的答案或启示在头脑中突然出现的思维方式。

加拿大人詹姆士·奈史密斯博士是美国一个学校的体育教师。他在体育教学的过程中发现有些学生对室外体育运动——如跑步——并不感兴趣，于是就想发明一种全新的室内运动，但是一开始他的思路老打不开。一天，当他看到竹篮的时候，突然想到是不是可以发明一种把球投入篮子的运动呢？后来，他根据这一灵感设计出了"篮球"这一运动项目。

从篮子到篮球，看似十分简单，但是如果没有经过长期的思考准备，这种灵感恐怕不容易出现。

遐想型灵感

遐想型灵感指的是在紧张工作之余，让大脑处于无意识的放松的状态，在休闲情况下产生的灵感。有人曾经对 821 名发明家进行了调查，结果发现在休闲场合产生灵感的比例比在紧张工作的时候要高。这种调查为遐想型灵感提供了事实基础。

许多科学家、艺术家在进行创造发明、创作的时候，都有这种灵感现象的出现。爱因斯坦关于时空的深奥理论是在病床上想出来的，生物学家华莱士关于进化论中自然选择的观点是在他发疟疾的时候想到的。

当然，遐想型灵感并不是我们只要睡觉做梦、游玩散步就能产生的。相反，思想的惰性、思维的惯性和保守性都是灵感产生的障碍。进行大量的积极思考、付出辛勤的劳动，这才是遐想型灵感产生的重要基础和前提。

梦幻型灵感

科学研究表明，人们在进入睡眠之后，意识会慢慢停止，潜意识浮现出来——这就是梦。梦幻型灵感即是从梦中情景获得有益的认识，推动创新的进程的一种灵感形式。

许多小说家的一些很有名的作品都是源于梦中的情景。英国推理小说家史蒂文森的名著《化身博士》就是源于一个梦中的情节，他曾在自己的传记中说过，他的大部分创作灵感都来自于梦境。史蒂文森习惯每晚睡前给自己的潜意识特别的提示，让梦境详细地延续下去。日本小说家吉行淳之介、齐藤荣等，也经常把梦中的故事写成小说。

爱因斯坦几乎每天都睡午觉，这可以算是他的另一种工作形式。当想不通一些问题的时候，他就会盖住被子大睡，让梦中的灵感为他解答疑问。他在1905年发表狭义相对论之前，曾经花了很多年时间对这个问题进行思考，但是有一些疑问仍然无法得到解答。一天，他躺在床上睡着了，突然被一道灵感惊醒，他马上起来记录下来。几周后，一个伟大的理论诞生了。

梦幻型灵感并不是玄之又玄的东西。弗洛伊德关于梦的研究告诉我们，梦其实就是协助大脑将白天吸收的信息做文件储存和整理分类的工作。睡梦中的你的逻辑思维已经停止，但是潜意识却一直在辛勤地工作。

12

机遇思维：意料之外的新想法

> 机遇只偏爱那些有准备的头脑。
>
> ——路易·巴斯德

机遇是迈向成功所必不可少的条件。

不过总有人认为，机遇就像是一只飘忽不定的兔子，跑来跑去，没法把握，只有某一天这只兔子偶然在你面前撞到树桩死掉了，它才会属于你。

有这种想法的人不少。他们总是在期望着机遇送上门来，而不是自己去寻找，于是这些人基本得不到机遇，即使机遇送上门来，也往往难以抓住。

正像巴斯德所说的那样，机遇只偏爱那些有准备的头脑。

所谓准备，包括很多方面，比如学识、能力、胆量、决断，等等。但最重要的，还是要具有一种机遇思维。它可以指导我们在对未知的事物进行观察、实验、探索时，捕捉到那些随时出现的出乎意料的新生事物，并加以充分利用。

王致和原本是一位安徽的举人，一年上京赶考，却没想到名落孙山。失意之余的王致和觉得无颜回家，于是就干脆在北京城里开了一间小小的豆腐店，聊以为生。但是，豆腐店刚刚开张没有多久，天公不作美，一连几天阴雨连绵，没有什么顾客，做出来的豆腐卖不出去。

眼看就要血本无归，这可急坏了王致和，情急之下，他把豆腐都用盐腌了起来，以期望能够保存得久一些。过了一段时间后，王致和再去查看那些豆腐，发现豆腐颜色发青。王致和实在舍不得把它们倒掉，于是拿起一块放进嘴里，却没想到，这种腌豆腐竟然有一种特殊的味道，还挺好吃。王致和想了一阵，索性决定把这种奇怪的豆腐当作一种新的食品出售，结果顾客吃了之后都感觉不错。渐渐地，王致和的生意好了起来，名气也越来越大，甚至连皇上都有所耳闻，派太监来买了一些臭豆腐回去。皇上尝了之后将其赐名为"青方"，并列入宫廷御膳之中。

这样，王致和干脆专门经营起了臭豆腐生意，在短短的时间内，九城闻名。如今的王致和臭豆腐，已成为北京城一道著名的风味小吃。

王致和的成功，与他善于抓住机遇的思维是分不开的。

实际上，机遇处处在，每个人都会遇上，但是有的人却无法抓住，甚至机遇来到了面前也视而不见。这就是因为缺乏机遇思维。

随着信息化时代的到来和社会发展的步伐越来越快，各种机遇也势必会越来越多。我们必须事先做好准备，随时迎接机遇的到来，把握机遇，利用机遇。

下面介绍几种机遇思维方法。

机遇只偏爱那些有准备的头脑。

将错就错

实际上，没有绝对的错和绝对的对，尤其是为解决一个问题所提出的办法和设想，即使不能达到预期的目的，但是其中也必然含有合理的成分。将错就错下去，有时你可能会得到完全出乎意料的新想法。

20世纪30年代，欧洲的一个农业研究小组立项研究一种能够促进农作物生长的化学药剂。但是阴差阳错，他们经过一系列配比研制出的药剂非但不能促进农作物的生长，反而会对一些农作物产生抑制生长甚至杀灭的作用。单就这一研究项目而言，这个结果可谓是彻头彻尾的失败，但是，研究人员并没有简单地将这种药剂倒入下水道，而是索性继续进行研究。

不久，他们发现，通过调整其中的一些化学成分，研制出来的药剂可以除掉田地中的杂草，而且对农作物没有什么影响。于是，又经过了一段时间的反复研究，该研究小组终于取得了可喜的成果。他们发明了除草剂。这一成果不但从另一个角度增加了农作物的产量，而且也为现代农业中的除草技术奠定了基础。

对于一个看似错误的想法和方式，不要急于将其抛弃。有时只要沿着错误再向前走一步，错误就会变成真理。

许许多多创造性的发明，起初都是一个偶然的错误，比如烤面包机、香烟过滤嘴、自行车闸、电影倒放技术等。但就是因为他们的发明者将错就错了下去，反而发现了其巨大的价值和更好的用途。这就是一种善于并能够抓住机遇的表现。

当然，将错就错并不等同于坚持错误。实际上，将错就错是抛弃原先错误中坏的一面，发现并发展其中好的一面。更确切地说，将错就错实际上应当称为"将错变好"。在选择将错就错之前，一定要有清醒的认识，看到"错误"中合理并具有生命力的因素。

驱害为利

驱害为利与将错就错相类似，都是把不利的方面转变为有利。但是，将错就错中的错误是具有一定积极因素的，因此可以"错"下去。而驱害为利中的"害"则是在一定条件下完全意义上的害，其中没有任何的积极意义。这种情况下，就不能再将错就错，而是应当积极应对，通过改变条件、转换视角等方式把伤害降到最小，同时利用这种害来得到对己有利的效果。

1988 年的一天，一家波音 737 客机从美国旧金山机场起飞，刚刚飞行不久，飞机突然发出一声巨响，一大块机舱盖竟然被揭开了一个大洞！一名机组人员当即被强烈的气流卷出了机舱，飞机上顿时尖叫声响成一片。危急时刻，多亏飞机驾驶员足够冷静，立刻控制住飞机，快速返回机场，避免了一场特大空难的发生。除了那名可怜的机组成员外，乘客无一伤亡。

事后调查，这场事故完全是由于飞机自身原因所致。立刻，波音公司作为该飞机的厂商受到多方压力。面对这场突如其来的危机，波音公司从容应对，通过广播、电视、报纸等多种媒体主动向社会公布大量事故调查信息。同时，波音公司又巧妙地淡化损失和伤亡，把宣传重点放到这架飞机超期服役仍能保证乘客生命安全这一角度上来。

这样一来，原本针对波音公司飞机质量的种种猜疑和批评之声少了，而关于波音公司飞机质量过硬、服务周到、遇事处理得当的褒奖却随之而起。这场事故，不但没有损害波音公司的形象，反而还使公司的知名度和信誉都大大提高了，飞机订单也在短时间内大幅增加。

这便是驱害为利的典型案例之一。

驱害为利的重点就在于一个"驱"字上。对于"害"，不能"堵"，更不能听之任之，让其继续发展，而应当有目的、有方向地加以引导，使"害"变为"利"。

而在驱害为利的过程中，能否看到机会，抓住机遇，就显得格外重要。

厚积薄发

前面说过，所谓的机遇，并不是天上掉馅饼，也不是撞大运。虽然机遇的到来会有一定的不确定性，但只要具备机遇思维，并在平时注意积累，一定能得到机遇的垂青。

所谓厚积薄发，就是一种在日常随时随地积累信息、发现机遇的思维习惯和能力。

冷战期间，美苏两大敌对阵营剑拔弩张，针对对方的间谍活动也都搞得如火如荼。一个很偶然的机会，美国间谍发现了一个可怕的情况：苏联对于美军内部情况的了解简直达到了令人不可思议的程度，包括组织机构、参谋部人员以及各个基地的情况几乎都了如指掌，甚至一些中下级指挥官的个人简历和新设机构，都被苏联情报机构所掌握。而这一切，都是由一个代号为"华盛顿"的苏联间谍提供的。

消息传回国内，美国中央情报局几乎炸了锅，他们决定不惜一切代价找出这个"华盛顿"。经过全局的紧张工作，他们很快摸到了线索，并顺藤摸瓜揭开了这一"情报门"。但是，让所有人出乎意料的是，他们捉住的"华盛顿"并不像当初所想的那样，是一个狡猾而精明的特工，实际上，这个"华盛顿"根本不是人，而是美国所有的报纸杂志！

原来，苏联情报机关多年来一直都在广泛地搜集美国的出版物，并从中寻找与美国军方有关的蛛丝马迹。这看似缘木求鱼，实际不然，细心的苏联情报人员居然从大量的报刊中一点点地摘录、分析出了许多有价值的情报。

看似无心的积累，你永远无法知道它何时就可能成为你抓住机遇的阶梯。

乘虚而入

新思想的产生，有的时候就是需要在日常的事物中发现不完善的因素并以之为契机。因此，我们时刻需要一双能够发现不足的眼睛，因为有的时候，不足即是机遇。

尼科尔只是办公室的一个小职员，他的工作和生活都平庸而无趣，但是他有一颗不安分的心和灵活的大脑。他相信，自己的机遇早晚会到来。

这个机遇来得很快。一天，尼科尔坐在办公室里喝茶，他感到有些无聊，于是大大地喝了一口茶。紧接着，他剧烈地咳嗽起来。茶叶呛到嗓子眼里了！这该死的茶叶！等到尼科尔终于停止了咳嗽，他开始思考：以前也经常把茶叶喝进去，或者沾到嘴唇上，这的确非常烦人，那么，有没有什么办法能把茶叶过滤掉呢？

尼科尔只用了 15 分钟，就形成了初步的设想：在杯口放上一层过滤网，这样茶叶不就不会再和水一起喝进嘴里了嘛？尼科尔随后进行了市场调查，发现这个发明虽然简单，但是十分实用，很有市场前景，而且最重要的是还没有类似的产品出现。于是，他立刻将自己的发明申请了专利，并开始投入生产，果然取得了很大的商业成功。

"乘虚而入"的创造性思维方法要具备两个条件。第一，要有"虚"的存在。只有善于在日常生活中发现薄弱与不足，才可能发现机遇。第二，就是必须要有"入"。创造性产品或设想必须能够填补相应的"虚"，你才能真正地抓住机遇，获得成功。

革旧布新

对现有事物或现存条件不满，是进行改革图新的重要推动力，只有具备了思变的冲动，才可能产生解决问题的强大而不懈的动力，产生有创造性的设想，并取得成功。当你对某些事物不满至极，气得捶胸顿足大骂时，新想法就快有了。

因此，进行创造性思维，应当学会利用不满的情绪，并使之转化为一种能量。这可以说是一种原发性的创造冲动，也可以视为自己给自己创造的机遇。

红绿灯是重要的交通指示工具。可是红绿灯明明是红黄绿三色的，为什么只被称为"红绿灯"呢？原来，最早的红绿灯就只有红绿两色，黄灯是在后来很偶然的一个机会中被发明出来的。

20世纪30年代的一天，就职于美国通用汽车公司的美籍华人胡汝鼎在过马路的时候，看到对面绿灯大亮，于是放心地横穿马路。突然，一辆转弯的汽车从他的身边急驰而过，将他吓出了一身冷汗。

回到家的胡汝鼎仍心有余悸，于是仔细回想了当时的情景，却发现那辆汽车并没有违章，责任应当归结到红绿灯功能的不完善上，它只能指挥一个方向上的交通，对于转弯的车辆却是一个疏漏。他越想越觉得这个疏漏实在不应该，将会造成多少交通意外啊！于是，他开始潜心研究，力图找到一个改进红绿灯的方法。经过反复的琢磨，终于，他想出了在红绿灯上再加上一个黄色灯，以提醒行人车辆拐弯。胡汝鼎把这一想法汇报给公司，结果受到了支持，不久便得到了交通管理部门的认可。于是，红黄绿三色灯逐渐推广并通行了起来。

而这一发明的最初动力，就是单纯的不满。不要对任何事情都保持好脾气，当你对一事物有不满的时候，那就说明这个事物的确是不完美的——起码对你是这样。只要你能找出让你不满的缺陷，并努力改变它，你就是在进行一项有意义的创造性活动。

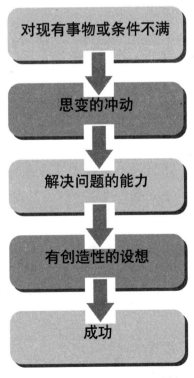

对现有事物或条件不满

↓

思变的冲动

↓

解决问题的能力

↓

有创造性的设想

↓

成功

13

平行思维：通过假想设计未来

> 一个创意看起来很符合逻辑，但是它未必能够通过逻辑的方法来得到。
>
> ——爱德华·德·波诺

平行思维法的创始人是法国心理学家、医学博士、创造力学大师爱德华·德·波诺，他是创造力及思维技巧教育领域里的权威人士。简而言之，平行思维就是从各种可能性中前进，而不是每时每刻都作出判断的一种思维方法。它与传统的思维方法有很大的不同，德·波诺曾经把这种思维方法与传统思维方法的不同点归纳如 133 页图表所示，我们可以一目了然地看到它们之间的区别。

运用平行思维来解决问题的步骤大致如下：

不轻易判断，接受各种假想，然后将它们平行地排列起来。

把相互矛盾的双方平行地排列起来。

通过各种平行的可能性设计未来。

平行思维方法是一种简单有效的思维方法，它在人们进行创造性思维的时候屡收奇效。我们所需要知道的是如何利用这种方法，为我

	传统思维	平行思维
关注点	探索和发现	设计和创造
建立基础	二元对立、直接的、判断的	接受各种可能性，不轻易下判断
关注对象	是什么	可能是什么
思维属性	硬性思维，明确定义和范畴	软性思维，允许模糊的轮廓
对信息的态度	判断，然后接受	产生新的观点和概念
寻找答案的方式	排除错误答案	寻找正确答案
特性	对抗的、单线的	合作的、平行的

们的创造力服务。

德·波诺曾经以6顶颜色不同的帽子来比喻6种不同的思维方法。当创造者戴上某种颜色的帽子的时候，他将被强制使用这顶帽子所指示的方法来进行思考。6顶思考帽就是平行思维运用的工具。

白色思考帽

白色代表中立、客观，白色思考帽代表信息和知识。

当戴上白色思考帽的时候，人们会将注意力集中在信息上。这些信息可能包括和问题有关的事实、已经解决问题的办法、问题的各个方面，甚至个人的观点以及一些传闻。我们需要关注的问题有：

我们已经获得哪些信息？

我们还需要哪些信息？

我们怎样找到这些信息？

这些信息的用处是什么？

我们需要将这些问题的各种回答平行地排列在一起，如果关于某个问题的冲突比较重要，可以在稍后对它进行检验。

红色思考帽

红色代表热情、情绪，红色思考帽代表感觉、情绪、直觉或预感。

红色思考帽将情感和直觉变得合理化。通常人们反对在解决问题的时候带入个人的主观情绪，红色思考帽则鼓励人们这么做，它尊重直觉和预感在创造中的地位。比如，你可以在讨论的时候这么说：

我的预感告诉我这样行不通，虽然我不知道具体的原因。

我认为她一定会成功。

如果使用这种方法，我们会有麻烦。

当然，红色思考帽并不是鼓励人们依据直觉进行判断，它只是众多意见中的一种而已。

黑色思考帽

黑色代表严肃和危险，黑色思考帽代表谨慎、批评和对风险的评估。

实际上，黑色思考帽是我们使用得最多、也是最有价值的一顶思考帽。想象法官黑色的长袍，它代表公正和威严。这是思考中很关键的部分，因为我们并不想犯错，而是希望找到一个最正确的方法。戴上黑色思考帽，我们会发出这样的疑问：

哪些信息是虚假和不可靠的？

这个看起来最好的设想，它的缺点是什么？

我们的目标是不是有偏差？

这是不是会触犯法律？

要注意，重视黑色思考帽并不意味着要对它滥用，滥用会损害、打击甚至毁灭良好的观点。就好像啤酒不错，但是喝多了会伤身一样。

黄色思考帽

黄色代表乐观，黄色思考帽代表正面的逻辑。

当戴上了黄色思考帽之后，我们立即会产生与戴上黑色思考帽所不同的观点。对同一事物，戴上黑色思考帽我们看到的是它消极的一面，而戴上黄色思考帽则让我们看到它积极的一面。我们将看到所有设想的价值，即使是一个看起来很坏、很不切实际的设想。无论面对什么设想，我们想到的会是：

它的优点有哪些？还能不能扩大它的优点？

有什么办法能够挽救这个设想？

我们的目标是不是可以更大？

绿色思考帽

绿色代表生命，绿色思考帽代表创造。

相对于其他思考帽来说，绿色思考帽最容易激发创意和革新。戴上绿色思考帽时，我们立即会朝一种不同的、有创造性的角度去看待和解决问题。我们会想：

有什么别的方法吗？

这难道是最好的方法？

试着从不同的角度去看会怎么样？

颠倒一下会怎样？

能不能先考虑这个因素？

与绿色思考帽最密切相关的就是"可能性"的探讨，它允许想象和假设的存在，而这正是创造产生的基础。只有不确定的因素存在，才能有所创造。

蓝色思考帽

蓝色代表蓝天，蓝色思考帽代表一种全局的观念。

让我们想象晴空万里的蓝天，想象那种统领全局的气魄。当我们在创造快要结束的时候，需要从整体上对创造进行把握。这种整体把握包括以下一些思考：

这个问题还有哪些部分没有得到解决？

关于这个问题，已经有哪些设想？

每个人都参与讨论了吗？

蓝色思考帽有助于我们对思考的过程进行控制。当我们抱着全局的观点来看待问题的时候，问题会变得一目了然。如果某一环节或部分发生了问题，重新戴上其他颜色的帽子进行思考，务必不要有所疏漏。

6顶思考帽	颜色联想	思考角度
白色思考帽	中立和客观	搜索并展示客观的事实和数据
红色思考帽	直觉和情绪	表达对事物的感性的看法
黑色思考帽	冷静和严肃	用小心谨慎的态度指出任一观点的风险所在
黄色思考帽	希望和价值	用乐观、积极的态度指出任一观点的价值所在
绿色思考帽	活跃和生机	运用创新思维提出新观点
蓝色思考帽	理性和沉稳	对整个思考过程和其他思考帽的控制和组织

第四章

最重要的创造技能

　　在进行创造的过程中，发现问题是首要的，你只有能够提出问题，善于发现别人无法发现或者总是忽略的问题，才有可能进一步进行创造。有什么样的思考方式，就会有什么样的命运。许多天才人物的事迹告诉我们，不用担心对技能的掌握会影响我们创造能力的发挥，正好相反，掌握创造技能并不是创造本身，它只是开始。

1

掌握并精通基本创造技能

> 需要以自己的无限活力，引导无限的创造。
>
> ——蒋荣昌

基本创造技能

列奥纳多·达·芬奇喜欢从事他的专业——画画——以外的工作。有一段时间他一直在做实验，希望能够发明一种新型的着色涂漆的配方。教皇里欧十世在听到这个消息后，曾经宣称："这个男人一定不会成功。"——为什么呢？"因为他一开始工作就在考虑结果。"

不过他的预言并没有成真，我们知道达·芬奇一生有许多发明都成功了，这次也一样。像这个配方一类的东西，我们可以认为是他创作的一部分，而他对这些东西非常熟悉。伟大的画家同时可能是无人可比的制图员、颜料配剂师、画笔鉴赏家，他们知道，对自己的行业的基本技能了解得越多，就越能充分地展示自己的才能。

作曲家通常也会是一个出色的乐器师。他们对乐器的熟悉程度绝不比那些专门的乐器师低，只有这样，他们才能更好地了解不同乐器会发出什么样的声音，谱什么样的曲子才是绝妙的。德国伟大的作曲家约翰·塞巴斯蒂安·巴赫在很年轻的时候就已经会制作手风琴，后来在演奏手风琴方面他在欧洲首屈一指，对乐器的熟悉在一定程度上使他成为世界上最伟大的作曲家之一。

一个最好的作家通常非常善于读书。他们深入了解语言相互结合的独特张力，他们拥有最大的词汇量、最强的艺术鉴赏力和最敏锐的语言感受力。这是他们在本领域创造的基本技能。美国当代作家、著名记者约瑟夫·爱泼斯坦在碰到不认识的字的时候，常常会因为恼怒和窘迫而脸色发白，就好像一个医生遇到了说不上名字但很重要的穴位一样。

而一个富有创造力的企业家也绝不是一个空想家。他会比很多人更加清楚企业的结构、工作的流程和其他各种事情：进货、跟客户谈判、开发新产品、调解纠纷……只有当他了解和熟悉这些东西之后，他才能更加轻松地找到许多问题的解决办法。这是企业家进行创造的基本技能。

不用再分列下去了。所有这些富有创造力的人之所以能够成功，是因为他们掌握并精通了自己领域的基本创造技能。他们正是在这种基础上，拓展了自己的创造性。技能使他们具备了进行创造的必要的手段，缩短了他们从现实中得出创造性想法的距离。而且，只有掌握并精通了基本的创造技能之后，才能产生充足的信心，知道自己为什么会与众不同，并且把目光投向更远的地方。毕加索在回忆自己创造的时候，不无遗憾地说："我在小时候就已经能够画得像拉斐尔一样好，但是我却花了差不多一辈子去学习画得像他们一样。"

许多天才人物的事迹告诉我们，不用担心对技能的掌握会影响我们创造能力的发挥，正好相反，技艺是我们创造开始的最好地方——这也在提示我们，掌握创造技能并不是创造本身，它只是开始。路德维希·凡·贝多芬是钢琴大师，他掌握了比钢琴技能更多、更难的音乐技巧。在他晚年的时候，即使他的钢琴演奏技能下降了，却谱出了比年轻时更伟大的作品。

掌握并精通基本创造技能

如何掌握并精通基本创造技能，进而得到更多更好的创意？一个办法就是不断地练习。

这个世界上的精英们都相信这样的一句话：练习产生完美。他们都必须不断地练习以保持自己的技能，丝毫没有松懈。那些在舞台上有着很大名气的舞蹈巨星们，和最低级的表演者一样需要不断地练习。事实证明，那些工作最努力的人往往是最受欢迎的，并且最后将变成最有能力的人。即使是天生就比别人有优势的人，也需要后天的练习。世界高尔夫传奇人物泰格·伍兹和"篮球飞人"迈克尔·乔丹，这两个体育界的王者，其训练时间都比别人更长、更努力。米哈伊尔·巴雷什尼科夫在学校里是最努力的学生，他的老师普希金把他选出来，在放学后让他单独训练。由于他接受了更多的训练，20 年后，他成为最受欢迎的舞蹈家之一。

作为一个创造者，你需要掌握的创造性技能可能不止一种——在大多数情况都是如此。高尔夫球手戴维斯·拉夫三世的父亲对他的训练方法给我们提供了借鉴。他父亲总是在他精通某项技能后，才让他接着训练下一种技能。当他掌握并精通所有的技能后，又回到最先训练的技能上进行一些修正……在若干个循环训练后，各种创造性技能也就接近精通了。

另外，你可以分析一下你的所有创造性技能的基本情况，看看哪些还需要大大加强练习。你应该首先对那些落后的技能进行训练。就像 16 世纪的日本击剑士宫本武藏对剑士们的忠告那样，一个优秀的剑士"从来就没有特别喜爱的武器"。只有扩大使用武器的技能范围，才能避免对手事先了解自己的技能，想出破解自己的办法。

2

善于独立思考

> 发展独立思考和独立判断的能力应该始终放在首位。
>
> ——阿尔伯特·爱因斯坦

参透独立思考

思考是大脑的活动，人的一切行为都受它的指导和支配。思考虽然看不见、摸不到，但它真实地存在着。有什么样的思考方式，就会有什么样的命运。如果你的思考和自信、成功、乐观联系在一起，那么你会有一个圆满的人生；如果你总是想到自卑、失败、忧愁，总是小心翼翼、蹑手蹑脚，那么你的命运也不会好到哪里去。

独立思考是对思考能力的全面运用，在针对具体问题进行深入分析的基础上提出独到的见解，并运用已经掌握的知识和积累的经验教训，创造性地分析和解决实际问题。

顾名思义，独立思考最重要的特点就是独立，不人云亦云，对事物的分析完全建立在自己认识的基础上，而不是依靠别人的见解，哪怕是暗示性的影响。

独立思考之所以能够成为一种重要的创造技能，也在于它的独立性。每个人的想法都是不同的，即使面对同一个事物，每个人思考和分析的角度也是千差万别的。这样，就出现了多样的可能性，创造由此成为可能。如果大家都囿于一个貌似权威的结论，处理新问题都是从同一角度、同一观念出发，很难想象能够得出什么独到的有创造性的设想和方案。

世上最可悲的人，是处处都依赖别人的人。成功人士都知道，做每一件事都要学会有主见，有自己独立的人格，靠天靠地不如靠自己。如果不打开自己的心，走出思维定式，就不会成为一个明白的人。所以，只有推翻权威，不依赖经验，成功的机会才会更多。有人群的地方总会有权威，人们对权威普遍怀有尊崇之情，本来无可厚非，然而对权威的尊崇到了盲从的程度，就会成为一种思维的枷锁。

美国实业家罗宾·维勒的成功，很大程度上就是源于他的独立思考能力。

起初，他经营着一家小规模的皮鞋加工厂，只有十几个员工。当时的皮鞋市场竞争相当激烈，有很多同行资本雄厚，实力很强。罗宾深知，以自己薄弱的资本和有限的规模是不足以和强势的同行进行竞争的，要想获得竞争主动权，必须求新。

罗宾注意到皮鞋生产者们主要是在皮鞋的用料上进行改良，皮鞋的样式却缺乏新意。于是，罗宾瞄准了这个方向，进行了大胆的革新，他雇用了经验丰富的皮鞋设计师，不断变换皮鞋的样式，推出新花样和新款式。

果然，许多新款式的皮鞋一经上市，就立即引起了购买者的极大兴趣和好评，罗宾的生意也一下子红火了起来。

罗宾的成功被其他皮鞋生产者看在眼里，他们立刻进行了一窝蜂式的效仿，迅速掀起了皮鞋样式革新的浪潮。但罗宾并没有继续跟他们"凑热闹"，而是把注意力又转移到了其他方面。他注意到以往的单股线缝制技术缝制出的皮鞋很不耐穿，穿上一两个月就会开线。因此，他通过研究，改良技术，发明了双线缝制法，大大提高了皮鞋寿命。

再后来，罗宾又推行了品牌战略，建立起良好的售后服务制度，再

独立思考往往能够发现新的机遇和方法，剑走偏锋，出奇制胜。

次赢得好的口碑和广泛的信誉。罗宾的皮鞋加工厂在短短几年间，就跃升为美国最大的皮鞋生产厂，获得了令人难以置信的成功。

正是因为独立思考，想别人所未想，打破常规，罗宾才走出了一条通向成功的捷径。很难想象，如果罗宾当初没有想到在皮鞋样式上进行革新，没有想办法提高皮鞋的使用寿命，他还需要多少年才能获得成功。又或许，他早已经被激烈的竞争所挤垮，成了一个失败者。

独立思考往往能够发现新的机遇和方法，剑走偏锋，出奇制胜。

西瓜本来是圆形的。但是，有的人却独创了一种方形西瓜。

我国山东某地有几户瓜农，经过尝试，培育出了方形的西瓜。其实，他们的"培育"方法十分简单，只不过是事先按照一定的规格做出方形的模具套住小西瓜，

关于方形西瓜的创意，也是这几个农户独立思考的结果。他们认为，西瓜圆圆的虽然光滑好看，但是很容易滚动，运输途中经常会撞坏，如果把西瓜变成方形，在运输的时候就可以把它们像砖块一样堆垒起来，还能大大节省运输和储藏的空间。

果然，这种西瓜不但在运输储藏方面经济方便，而且还吸引了很多好奇的消费者，引起购买热。

可见，只要善于独立思考，即使再普通的事情，你也可以从中得到创造性的设想，并获得意想不到的成功。

如何提高独立思考的能力

如何提高我们的独立思考的能力？

人性中惰性的一面尤其不利于独立思考能力的培养。这有两个明显的表现特质。

其中之一为轻信。轻信作为一种惰性的表现，表现为轻信者不愿意自己去思考问题，而十分容易接受别人尤其是有些权威性人物的思想。这并不是因为他们不具备进行思考的能力，而是由于他们认为没有必要思考。他们总是乐于将别人的思维成果拿来直接使用，自然也就将成为别人思维的奴隶。

轻信的另外一个原因，或许是由于缺乏自信。很多人都有这种弱点，他们往往认为自己人微言轻，思考的结果总是浅薄，于是，这样一种对于"深刻思想"的敬仰就造成了对自己思想的妄自菲薄和自卑。久而久之，他们也就习惯于接受别人的思想，而将自己的思想牢牢地压抑起来。

另一点反面的特质，那就是有些人总是不相信自己不了解的事物，无法立刻接受新的东西，无论是发明还是思想。

莱特兄弟当年对外宣布他们发明了一种能够飞行的机械，并邀请人们观看时，结果到场者寥寥无几，大部分的人都对其嗤之以鼻，认为这对"妄想狂"兄弟在哗众取宠。

在没有弄清新事物之前，就先入为主地采取一种鄙视的态度，倒也并不是认定了新事物就是一个谎言和骗局，而恰恰也是因为惰性，人们满足于眼前的生活状态，而不愿意这种稳定的生活稍稍被新事物撼动。

独立思考者首先要将自己性格中的惰性去除，以生活的主人和创造者的身份来审视生活。你的头脑里始终都要有一个问号，质疑每件事和每个想法。同时，你的头脑里还要有一个叹号，每件事和每个想法都可能令你兴奋地跳起来。

3

最重要的创造技能：提问

> 毫无疑问，打开一切科学的钥匙都是问号，我们大部分的伟大发现都应当归功于"如何"，而生活的智慧大概就在于逢事便问个为什么。
>
> ——巴尔扎克

什么是最重要的创造技能？

毫无疑问：提问。

发现的眼睛

在进行创造的过程中，发现问题是首要的，你只有能够提出问题，善于发现别人无法发现或者总是忽略的问题，才有可能进一步进行创造。

任何一个设想和创造都是从提问开始的。查尔斯·P.梅坦梅茨说："问并不愚蠢，一个人只有停止提问，他才会变成傻子。"如果你什么疑问都没有，你认为眼前发生的一切都是自然而合理的，你也就会满意于你的生活和生活的环境，从而消解了进行创造的一切意义。有一句谚语说："只要心中存有疑惑，人类的力量就不可小觑。"只有不轻易满足于现状，随时非常率真地提出问题，才能持续不断地促使我们发挥自己的创造力。

我们每个人在自己的孩提时代都有一双善于发现的眼睛，那时候我们对自己所接触到的一切事物都感到十分新奇，而且对不懂的东西都会问"为什么"。但是当我们长大以后，随着知识和经验的增长，开始对周围的东西失去了兴趣和好奇，见怪不怪，认为一切都是再普通不过的。实际上，如果要我们对一些东西进行解释和说明，我们未必能够将它们说清楚。因此，关键的问题不在于我们懂得的多了，而是我们已经失去了善于发现的眼睛。

还是那个老掉牙的例子：牛顿和他的万有引力定律。

这个例子的确是老掉牙，但是的确也最有说服力。可以说，有数以亿计的人目睹过苹果落地、橘子落地、梨子落地，随便什么东西落地，但许多人都是什么也不想，一点疑问也没有。只有牛顿提出一个看似很无知的问题："苹果为什么不飞到天上？"

一个总是问奇怪问题的人或许有朝一日会把最奇怪的问题变成真理，而没有疑问的人却总是在接受真理。他们之间的差别，只是一双善于发现的眼睛。

爱因斯坦经常问一些很基本的问题，而这些问题却往往能够引起他的深入思索，最终改变了人类对整个物理意义上的宇宙的根本看法。哲学家阿尔弗雷德·诺斯·怀特海曾说："只有不一般的头脑才能对平常最显而易见的事物中作分析。"这都提示我们：如果想要有所创造，必须不断地发现，不断地提问。

心理学家霍华德·盖德纳最近一直在做一项关于爱因斯坦等 20 世纪的创造性天才的专门研究工作。他在研究的过程中发现，有一些天才早在年轻时就已经在各自的领域里达到了极限，比如毕加索在 20 岁的时候画的画就已经可以与其他著名画家相比，爱因斯坦在 20 岁时的物理学成就也已经非常高，但是他们后来又攀登了一个又一个高峰，最主要的原因乃是他们在探索的过程中始终怀有孩子般的新奇。盖德纳教授解释说：

"他们像孩子一样善于捕捉外界事物，在自己的领域里充当了冒险者的角色。有些人面对整个开放的世界的时候，却依然对孩童时代遇到的问题感兴趣。

"爱因斯坦一直对如何在一束光中行动存有疑问，很多孩子也对此有疑问，但是大人们却不会。毕加索曾经问过假如将物体打碎，如何将这些碎片组装成其他东西。弗洛伊德则疑惑于梦的奥秘……我认为，每个人的创造力的大小不仅取决于自身的知识和对专业领域的驾驭，而且还需要一颗童心。"

盖德纳教授的话已经很清楚地告诉了我们，善于发现是保持创造力的重要因素。

提问能带来什么

一个小小的疑问可能带来"蝴蝶效应"，引起世界一次大的改变，关于这一点，可以从许多重大发明的起因上找到解释。"为什么"、"如果……会怎样"这之类的问题，推动着人类文明的发展。

如果我们对世界上的事物全都欣然接受，不产生半点疑问，那么我们的世界就会停滞不前。

尽管我们提出的所有问题并不都能够引起创造性的思考，也不一定都有答案，但是我们需要注意这样一个简单的事实，那就是，提出问题与没有问题是有天壤之别的。哪怕你提出了一个暂时无法解答的问题，这也要比没有问题好上 100 倍。因为只要提出问题，就会开阔你的思路。有问题，就有创造的可能。

我们需要向孩子学习如何提问。他们的问题看似十分简单，但是回答起来却不是那么容易。也就是说，他们提出了一些本质上的问题，而这些问题我们可能平时并没有注意，也不了解。甚至，他们提出的问题根本就没有答案，或者人类还没有找到答案，对这些问题的解答就更加能够带来根本的变革。

很多时候，寻找问题的正确答案就好像提出问题一样简单。人类似乎有着追根究底的本能，梅杰·梅杰里·梅尼比曾说："为了寻找问题的答案以及发现这些答案所引出的更深一步的问题，我们必须对我们不懂的东西进行探索……这种探索，我们称为创造。"

问题对创造的引导

任何一个事物或者一个现象，都有多个侧面。关于这个事物或者现象的提问，自然也就可以有多个角度。

比如看到苹果落地，你既可以问：苹果为什么会落地？又可以问：为什么苹果在这个时候落地？也可以问：苹果落地是否就是结局？当然，你还可以这样问：为什么落地的是苹果？

请不要小看这些古怪的提问。实际上，每一个问题都在限定着你思考和探索的方向。问苹果为什么会落地，你可能发现引力定律，变成一个物理学家；问苹果为什么在这个时候落地，你需要去仔细研究植物的生长规律，你可能会

提问对创造性活动具有引导作用。

成长为一个植物学家；问苹果落地是否就是结局，你可能由此生发出很多慨叹，成为一名文学家；问为什么落地的是苹果，嗯，这个问题

很怪异，你可能在怀疑自己的视觉在欺骗你，你可能因此变为一名哲学家。

这就是提问对创造的引导作用。

艺术学家苏珊·朗格说："对问题的处理，首先就是提出疑问，所提出的疑问限制了可能得出的答案的范围。提出的疑问只是意义不明确的问题，而得出的答案却是明确的。"

这就说明，提问好像一个方向固定的推进器，将问题向你想象的方向进行推动，直到找出答案，得出创造性的结论和设想。

提出创造性的问题

如果以创造为标准对问题进行划分，那么问题可以分为两类：创造性问题和分析性问题。分析性问题是一种能够正确明白地说出唯一正确答案的问题，比如数学难题；而创造性问题则有多种解决办法。对于同一个基本问题，我们可以同时用分析的方法和创造的方法去解决，但是相对来说，只有创造性问题才能引起创造性的思考。

对于习惯的依赖性往往使我们提不出创造性的问题。假设我们要改良目前的烤面包机，提出的问题是"制造一个专烤吐司的面包机"。为了解决这个问题，我们必须分析市面上的各种烤面包机，找出它们的缺点和优点，针对材料设计、零件处理等问题，逐项地加以解决。这样生产出来的烤面包机往往没有多大创意，也不会改良多少。

一家公司无法顺利焊接一种铝制零件，在经过多种尝试之后，仍然无法解决这一问题，于是决定取消与这种产品有关的所有产品的生产。这时候，一名销售人员建议说："是不是可以不用焊接的方法来连接这种零件呢？如果是印第安人来做这件事情的话，他们绝不会想到去焊接。"这一建议果然帮助公司的技术人员打开了思路，最终他们将铝丝盘杂交错地绕在一起，成功地将零件衔接在一起。

避免错误的提问

是否有这样一种可能，当我们提出一个问题，确定一个方向，却最终发现自己无法得出答案，解释不了？

这是完全可能的，你提出了一个错误的问题，或者说，相对于你来说，错误的问题。

导致这种错误有几种可能性：可能你的问题提出的角度就是完全错误的，由此角度出发，再没有进一步思考的空间，这就是一些"没有意义的问题"；也有可能这个问题远远超过你所能驾驭的范围，短时间内（或者说你的一生之内）是不可能得出答案的，这种问题相对你来讲，也是没有意义的。

另外，还有的时候，你提出了一个很有创意的问题，而且的确很有价值。但是你没有注意到，这个问题或许早在上个世纪，就已经有和你一样聪明的人提出并得出结论了。在这种情况下，你的很"有价值"的问题，也会变得没有意义。

很多情况下，我们都可能提出错误的问题，对于这些问题，我们不仅得不出答案，还会占用我们宝贵的时间和资源，筋疲力尽而一无所得。因此，提问题实际上也需要技巧，在提出一个问题并进行探寻前，你起码要先问自己这样的几个问题：

我为什么提这个问题？

我能否驾驭这个问题？

我能从这个问题以及对它的解决中获得什么好处？

这个问题是不是对这个事物进行探索的最佳角度？

我需要什么帮助来解决这一问题？

当你思考了上述问题之后，才能够避免那些错误的问题的困扰。

4

直觉能提高人的创造潜力

> 真正有价值的东西就是直觉。
>
> ——阿尔伯特·爱因斯坦

认识直觉

当你在思考某个问题的时候，你的头脑里突然有一个清晰而明确的想法，明确一件事情是正确的或是错误的。但是，当你仔细考虑这个想法时，却无法从逻辑上解释它由何而来，也无法解释它出现的原因。

这就是所谓的直觉。直觉从某种程度讲，也是经验积累的结果。

直觉是人们对于事物或问题的不经过反复和深入思考的一种直接洞察。它并不是由你的感官作出的判断，而是一种不同于逻辑推理和其他思维形式的思维。就好像那些觉得一个英文句子有问题的人，不一定学过英语语法，但是他的判断却可能是对的。他当然无法告诉你为什么有问题，他多半会说："我感觉上是这样。"

不过在这个崇尚理性的时代，很多人根本不相信自己的直觉——除了那些尝过甜头的人。

不过从潜意识的角度来看，却有另外一番道理。

许多创造学家相信，这里更多的是潜意识中的"直觉"在起作用。我们每一个人的潜意识中都储存了大量的信息，但由于长时间被压抑，对于意识中的我们来说，这些信息似乎根本不存在。

现代的科学研究已经让我们对直觉有了更多的认识。大多数科学家已经承认，虽然直觉很神秘，但它是人类另一个认知系统，是和逻辑推理并行的一种能力。如果我们能够把直觉引入到有意识的思考当中，与一般的思考形式相结合，那么就会像汽车打开了左右两个大灯一样，同时照亮认识和创造之路。

表面上看起来，直觉所作出的判断是偶然的，但实际上却是长期酝酿的结果。我们已经讲过，直觉判断的整个过程，实际上就是把原有的知识和信息从潜意识中重新唤醒的过程。也就是说，直觉判断仍

直觉具有的特点	
总体性	直觉总是瞬间从整体上把握事物的特点，然后得出某种判断或设想。
瞬间性	直觉行进的速度极快，它所思考的对象在头脑中出现和被解决就好像是同步发生的。
顿悟性	直觉总是突然间得到答案，并不需要经过逻辑思考。
间断性	一般的逻辑思考是层层相扣、循序渐进的，而直觉却是跳跃性的。
潜在性	思考者并不明白直觉是从何而来的，也不明白答案是如何得出的。这是因为直觉判断是潜意识的参与。
猜测性	直觉得出的结论不一定是正确的，它只是试探性的。

然是有据可循，并非胡乱的臆测。当我们在遇到一个问题的时候，实际上潜意识中已经存有许多关于这个问题的信息和资料，因此才能迅速地判断。

尊重直觉

现在人们的思维已经没有多少空间留给直觉了，崇尚推理和分析的思考方式几乎侵占了所有地盘。有的人甚至以用"感觉如此"来做一个决定为耻。理性的逻辑思考方式使我们怀疑直觉，而不是去迎面拥抱它。

The Body Shop 公司的创办人兼董事长安妮塔·罗狄克是一位擅长运用直觉思考使自己的事业取得成功的杰出的女性，她留给我们许多物质和精神的财富。

许多人在她用直觉做出决定时，表示了自己的反对意见，并且认为靠这种思维得出的判断是十分冒险的。

她却说："我认为自己不是一个冒险者，任何企业家都一样。这可能就是商业的神秘之一。新的企业家更注重价值，会做那些别人看起来很冒险的事情，那是受到自我信念的指使。其他人也许会说我在冒险，但那是我的道路——对我而言那不是冒险。"

罗狄克始终都坚持自己的直觉。一次，罗狄克跟人谈到一份关于营销动向的报告，那上面的数据和结论都显示婴儿产品的销售增长将会是微小的，但是她却不愿意相信这样的报告。直觉告诉她报告的数据有问题。 这种直觉其实就是长期工作的经验。

她说："我们（指她和她公司的职员）的直觉告诉我们那完全是错误的。我们预感到婴儿用品市场将比该项目预计的更庞大。于是我们进一步深入了这个市场，发现实际数字差不多比研究显示的要高出4倍。

是直觉起了作用。

"这个世界上没有一种市场调研可以告诉你为什么人们不愿买这个产品，或是他们为什么会喜欢你们。但是你可以依靠你的直觉，当你看到一篇来自化妆品行业的长篇市场报告，然后指出来：'这个地方是错的。'"

罗狄克运用直觉作出了许多创造性的举动，这些举动都取得了十分好的成绩。最近，国际品牌顾问公司的一项专业调查表明，The Body Shop 在全球最杰出品牌的排名中居于第 27 位。

直觉不仅帮助了那些在商海中沉浮的人们。18 世纪英国物理学家、化学家亨利·卡文迪许有一段时间一直致力于氢气的研究。他曾无意间将氢气和空气混合在一个容器里，并且用电火花去点燃它们。突然，容器发生了剧烈的爆炸。他对这种现象感到十分奇怪，在又做了多次同样的实验之后，他发现不仅每次都会爆炸，而且在爆炸后的容器壁上还会有一些小水滴。经过化验后，卡文迪许知道这些小水滴是纯净水。那么这些小水滴是从哪里来的呢？他凭直觉认为这些水滴一定和氢气有关。从此，他开始研究氢气和水滴之间的关系，最后终于揭开了水的组成成分之谜。

乔纳斯·索尔克医生曾说："直觉是生物学上我们还不了解的某种

直觉的类型	
思想点化型	在平日阅读或交谈中，偶然得到他人思想启示而出现的灵感。
原型启示型	通过某种事物或现象原型的启示，激发创造性灵感。
创造性梦幻型	从梦中情景获得有益的"答案"，推动创造的进程。
无意识遐想型	大脑处于无意识放松休闲情况下而产生灵感。

东西。早上起床的时候，我在想直觉要告诉我什么东西，它让我感到很兴奋，就像上帝要赐给我礼物一样。我和直觉一起工作，我依赖上它，而它就是我的伙伴。"后来，他就是在直觉的引导下，发现了脊髓灰质炎疫苗的。

海伦·格丽·布朗，著名的《全世界》杂志的编辑，经常依靠直觉来对稿件作出判断。当她在看手稿的时候，虽然有时候一些文章写得不是很好，但是直觉会告诉她这些文章是真实的，读者会喜欢它。另外有些时候，即使是一篇由普利策奖金的获得者写的稿子，直觉也会告诉她，这篇文章写得太差了。

利用直觉

在我们需要创意的时候，直觉显得更加重要。我们需要的是更多的创意，而不是创意本身的对错和好坏。在这个时候，我们的潜意识

充分利用直觉	
不要遗弃直觉	当你的脑海里有直觉产生的时候，即使它们看起来很可笑或者无用，也不要遗弃它们。把它们好好地保存下来，它们自己会证明自己有很大的价值。
检验直觉	直觉只是提供一种可能性，当然不一定对，因此不能单凭直觉来做最后的判断。当直觉出现的时候，尝试一下。
培养直觉	如果你被一个问题难住了，可以尝试一下潜意识方法。

会像一股源源不断的流水一样，任何对直觉的怀疑都会阻塞这股流水。我们只需任其自流，要做的只是把所有创意记下来。

北欧航空公司前 CEO 詹·卡尔森这样提议人们对直觉的运用："你附加在你所收集的信息之上的东西，就是直觉。如果你理解了这一点，那么你就会明白你永远不可能收集到所有的信息。你必须同时利用你的感觉、你的本能反应，然后才能作出正确的决定。这就是对直觉的合理运用。"

5

一种开阔思路的手段：事物类比

> 发明者创造的能力取决于他对事物进行类比的能力。
>
> ——戴维·佩奇

什么是事物类比

事物类比作为一种重要的创新思维方法和技巧，属于比喻思维的范畴，它是指通过与普通事物的比较，找到问题的答案。

哲学家康德说："每当理智缺乏可靠论证的思路时，类比这种方法往往能指引我们前进。"

当伽利略看到一个简单的能够放大东西的玩具时，他以此类推，发明了能够观察宇宙的天文望远镜。这就是事物类比产生的神奇效果。

我国著名地质学家李四光在对我国地质结构长期考察研究的基础上，发现东北松辽平原的地质构造与中亚细亚的地质构造十分类似。中亚细亚具有大量的石油储藏，于是，他推断松辽平原也可能蕴藏大量的石油。后来经过勘探，果然发现了大庆油田。这就是类比思维应用的一个十分成功的案例。

通过事物类比，可以发现很多问题的答案就在我们眼前，在我们身边有很多不起眼的东西往往可以帮助我们解决很多重要的问题。

创造学家曾经用和铅笔有关的类比法来解决婚姻危机的问题。

（1）橡皮：原谅他并忘记烦人的事。

（2）金环：有点像结婚戒指，我们在教堂时曾经有过承诺。

（3）平面：我的工作太枯燥了，这可能是导致我们经常吵架的原因。

（4）笔杆：我把我们的感情给封闭了。

（5）6个面：从现在开始有6件事情要做……

（6）笔芯：它太脆弱了，就像我现在一样。应该马上采取行动。

这样的方法是不是很奇特？你也可以做到。

事物类比主要表现为以下6种方式：

直接类比　这种方法是指在研究某一创新课题时，从自然界或者已有的成果中寻找与创造对象相类似的东西，并在原型的启发下激发灵感的产生。

因果类比　是指两个事物的各个属性之间可能存在着某种因果关系类比，据此人们可以根据一个事物的因果关系推导出另一个事物的因果关系，创造出新的成果。

间接类比　间接类比法是运用异类现象进行类比创新的方法。我们在研究有关问题时，无法找到可以进行比较的同类对象，这个时候就只能采用异类比较的间接方法。

对称类比　利用自然界中许多事物都存在着的对称关系的规律来进行类比创造。

象征类比　是指用一种具体事物来表示某种抽象概念或者思想感情的表现手法。

综合类比　物质属性之间的关系是错综复杂的，但是，可以综合它们相似的特征进行类比。

事物类比的若干运用

美国著名教授肖保罗发现，在放洗澡水时，水流总是形成逆时针方向的旋涡。这是什么原因呢？有关专家告诉他，这种现象与地球的自转有关，因为地球是在自西向东不停地旋转的。肖保罗教授据此想到了台风的旋向问题，并进行了因果推理。他认为北半球的台风是逆时针方向旋转的，南半球的台风是顺时针方向旋转的。肖保罗有关台风旋向的科研论文发表后，引起了世界各国科学家的极大兴趣。他们纷纷进行观察和试验，其结果与肖保罗的推论完全相符。

在物理学界，科学家们早就发现了带负电的电子和带正电的质子，但是，质子的质量是电子质量的 1800 多倍，质子与电子太不对称了。这就引起了物理学家的思考：自然界有没有和电子质量相同而带正电荷的粒子？由正负电荷的对称，来思考自然界可能存在与负电子相对称的正电子，就是运用了对称类比的推理方法。

果然，在这一推理的引导下，1928 年，英国物理学家第拉客从理论上推算出正电子。1932 年，美国物理学家安得森又进一步从宇宙射线中得到了正电子。第拉客的推论得到了最终的证实。

牛黄是一种非常珍贵的药材。它实际上是牛的胆结石，只能从屠宰场上偶然获得，因此价格十分昂贵。很久以前，人们已经能够利用猪、牛、羊的胆汁研制出人工牛黄，但是它的治疗效果并不好。

后来有人通过类比的方法想到了更好的人工牛黄的制作方法，他们是从珍珠的制作过程中受到启发的。既然河蚌经过人为的插片，能够培育出光彩夺目的珍珠来，那么为什么不能如法炮制，对牛也像河蚌一样插片，或者把异物留在牛的肚子里呢？于是有人选择了失去医用价值的残菜牛做试验，施行外科手术，在牛的胆囊中埋入不能消化的异物，然后终于从牛身上获得了牛黄，和天然牛黄的功效一模一样。

6

将大脑里的形象变成现实

> 经常用你的手将大脑中创造的图像变为现实。
>
> ——阿伦·汉森

不能耽于想象

有这样一则古老的寓言故事：

一群老鼠在阁楼召开紧急会议，商讨对付屋主所豢养黑猫的计策。老鼠们在头领的命令下，开始低头沉思，稍后竞相发表各自的高论。这些高论一一被头领否决，头领提请那只深孚众望的老鼠起来说出他的意见。

只见那只老鼠慢慢悠悠地站起来，对众鼠不屑一顾地说："这有何难？在那只可恶的黑猫的脖子上挂一个铃铛，问题就解决了。"它见众鼠面露疑惑，解释说："这样那只猫只要一走动，就会发出清脆的铃声。"众鼠恍然大悟，纷纷称赞这个主意的高明。

正当大家兴奋之至、恭维聪明的老鼠的时候，另一只精瘦的小老鼠小声地问道："那么，由谁去把铃铛挂在黑猫的脖子上呢?"

这则寓言故事让我们看到想法和现实之间的差距。

很多人经常耽于遐想之中，总是在脑海中刻画出无数的美好的事物。拥有丰富的想法是好的，不过，如果一旦把想法放到现实生活中去检验，马上化为乌有的话，那么再多想法也没有多大的意义。

在创造的过程中，并不是拥有构想就已经创造成功，也不一定把自己的构想画下来、形成形象就已经成功。有很多构想，在没有实施之前，看起

一个设想是否成功，必须通过实际的检验。

来相当不错，但是却往往不可实行，到最后仍然只是一个构想。

当一个形象清晰地展现在纸上或脑海中的时候，没有人有把握它一定能够成功。当然，我们可以猜想它成功或失败，但是不能肯定。我们只有把它变成现实之后才能进行这样的判断。

实行阶段是创造过程中不可忽略的一个阶段，一个设想是否成功，必须通过实际的检验。

很多员工把自己认为很好的设想投给上司，满心以为自己的设想一定会被采纳，但是却石沉大海。于是他们抱怨说："这是一个想法陈旧的公司，我的那些想法多么高明。"而那些上司看到这些设想后却总是说："头脑灵活，构想不错，但是却纸上谈兵，没有实施的可能。"这是十分让人遗憾的情景。

把脑海里的形象变成现实跟把设想变成形象有很大的相同之处，它可以算是在进一步发展。它可以使设想更加接近成功，也可以帮助

我们更加全面、客观地认识自己的设想，从而对其进行完善。不过，在将你脑海中的形象变成现实之前，需要慎重考虑各方面的问题。

创造力的模型

把头脑中的形象转变为现实的一种重要的方法是，尽可能地把它变成一个模型（不是现实的机器或发明）。模型能够反应设想的重要特色和重点内容，而不需要考虑太多的东西。模型能够告诉你这个发明总的来说怎么样，以及像什么、感觉如何，可以帮助你找到设想存在的缺陷。可以说，它是一种最实用的方法。

托马斯·爱迪生总是利用模型来创造，每当他想要向投资者展示他的设想时，他总是事先准备好根据设想制作出来的模型。他准备发明一个电唱机，于是收集了价值 15 美元的材料制作出一个模型。这是他第一次利用模型来检验自己的设想，结果很成功，他很快便收到了反馈意见。

当我们的想法看起来似乎不切实际的时候，我们通常会否定它。但是有可能这些想法经过实践的检验之后，反而会成功。

当普里斯特列离氧化学说只有一步之遥的时候，他突然停住了自己的脚步：他认为自己的构想不会成功。如果普里斯特列把自己的构想再多用实践检验检验，而不是停留在主观臆断上，相信氧化学说一定会早问世许多年。

当亨利·福特想要组建汽车公司，把汽车推向每一个家庭的时候，很多人认为这种东西不会再更大程度地受到欢迎。当时，密歇根储蓄银行主席这么建议亨利·福特的律师不要投资福特汽车公司："马儿会留在这里，但是汽车却只是一时的流行，人们只不过觉得它新鲜罢了。"不过，亨利·福特最终让自己的设想变成了现实，让那些反对的声音不攻自破。

把设想形象化

你想设计一种新型的播种机。当你脑子里开始有这个想法的时候，马上出现很多形象：一种像拖拉机、一种像推土机，还有一种你说不出来像什么——只有你的脑子清楚。不过，你脑子里的形象很快会消失，因为你还有其他的事情要做。当你忙完别的事的时候，那些想法也已经不见了，而且无论你怎么想，似乎也找不出那个你说不出来像什么的、奇怪的东西了。

为了避免你的想法一闪而过，我们的建议是，把它写下来或画下来。

很多时候我们的想法只是一个模糊的设想，如果你想让它变得更清晰，最好的方法就是把它写下来或画下来。这种做法将缩短模糊的想法和那些能用的、真正有创造性的设想之间的距离。众所周知，达·芬奇经常带着自己的笔记本，随时把想到的东西画出来。人们后来查看他的笔记本，发现他很多超前的想法。乔治·费舍尔是当今最伟大的科学家之一，他拥有400多项专利。他曾说过，在发明之前，他总是会把脑海里的形象画下来，然后再去考虑实现它的一些数学和技术上的问题。

不要空使那些问题的线索、信息以及构想在你的脑海中打转。当你产生设想的时候，很多想法都不完善，将设想形象化可以使你更加客观、全面地认识它，发现它的优势和不足，从而进一步发展和完善。

那些认为自己"绞尽脑汁"也想不出什么好点子的人，也不妨使用这个方法。创造的过程就像解答一道复杂的数学题——你不知道用

很多时候我们的想法只是一个模糊的设想，如果你想让它变得更清晰，最好的方法就是把它写下来或画下来。

什么方法，甚至不知道它有多难，或者是否有答案。在这种情况下，最好的办法就是拿出纸和笔，一步一步地往下演算。那些"绞尽脑汁"的人多半并不会用这个简单的方法：他们在找捷径，希望一步得出答案。但结果显而易见。

很多有创造经验的人都赞许"用手思考"的好处。发现元素周期表的化学家德米特里·伊万诺维奇·门捷列夫有使用卡片思考的习惯。他把每个化学元素写在废弃的卡片上，纵横排列，然后展开直观的思考。在这之前，他的头脑里始终被元素系统化的问题所困扰，却一直没有找到合适的方法来解决。一天，他发现用扑克牌占卜的方法似乎可以运用到元素的排列上来，于是他把写了元素符号和其化学性质的卡片像占卜一样有规则地排列起来，然后他有了惊奇地发现。这就是"看得见的思考"的好处。

使设想形象化的一些原则	
原则一	不要因为你的"画术"并不高明而放弃，这不是一个好借口。你不需要去参加画展，你只是想要"看"到你的设想而已，即使你画下来的形象很粗糙。
原则二	在画或写的过程中，尽量不要作任何评判，直到你把它完成为止。
原则三	尽量用较大张的纸，这样不会约束你的视野。
原则四	尽量把所有的设想都画在一张纸上，然后发挥你的想象，使它们产生联系。
原则五	审视、判断你的设想和它们联系起来所产生的新的设想。

从梦中获得更多

让我们来学习怎样做梦，也许，我们会有收获。

——弗里德里希·凯库勒

梦的奇效

一个正常的人，一生大概有 1/3 的时间是在睡眠中度过的。或者，更精确地说，一个正常人一生要有大概 233600 小时（以寿命为 80 岁计算）是处在睡眠中。而在睡眠中，我们很大一部分时间又都是在做梦，做梦也是一种大脑的活动。那么，能不能利用梦境来产生有创造力的想法？

完全可以。

雷·布雷德伯里是一位著名的科幻小说家，他的写作过程本身就充满科幻色彩，他总是特意在半梦半醒之间寻找一些写作的素材，并强迫自己醒来把这些记录下来。他说这些素材"非常有想象力"。

缝纫机的发明者伊莱亚斯·豪，曾经为了

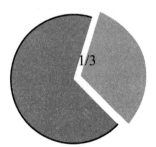

1/3

人的一生大概有 1/3 的时间是在睡眠中度过的。

解决如何把针和线连接起来的问题，要求自己做了一个梦。他告诉那个在梦中的自己，如果在 24 小时内没有解决这个问题，就会被杀死。

于是他在梦里拼命地工作，这时一群手里举着长矛的人把他包围了起来，他注意到长矛的顶端都有一个小孔。

他突然惊醒，吓出了一身冷汗。不过，他现在知道怎么做了——他在针的顶端做了一个小孔。

还有一个更为传奇性的故事，华佗在梦中为一位病人进行外科手术，病人因为疼痛而大呼不已，华佗无奈之下往病人嘴里塞了一些草药，想让他通过咬嚼草药来缓解疼痛，不料病人咬嚼一阵后却沉沉睡去。醒来后，华佗对自己梦中所使用的草药进行研究，结果发现其果然具有麻醉作用，后来华佗发明了世界上最早的麻醉剂——麻沸散。

为什么梦会有如此神奇的作用？

精神分析专家研究发现，梦实际上是人的意识在睡眠中的延续。人在白天所经历的事情和所思考的问题都在大脑中留下了深刻的印象，在人入睡后转入潜意识领域继续进行。因而，我们经常发现，自己梦到的人或情境总是跟现实生活有着或多或少的联系。

如果人的意识迫切地想要寻找某些答案，或者对某事物特别敏感，入睡后潜意识就会帮助继续加工信息，寻找答案。而由于在梦中其他的杂念都被排除掉，直指问题中心，所以往往更容易找到答案。

不过，梦境所提供的答案通常并不是直白的，而是"隐喻"性的。这就需要进行一系列的"释梦"工作，如果你只把梦中所看到的当作实际情况来理解，那你可能得不到任何结论。但是如果你把它们看成是一种象征，即寻找梦境背后隐喻的信息，或许会很快找到问题的答案。

有一位设计师在一段时间内苦苦思考着一个问题，但却始终得不到答案。一天晚上，他做了一个梦，梦见自己在钓鱼，所用的鱼钩却是直的，连鱼饵都挂不上。

这个梦看似与他的设计问题毫无关联，但是这位设计师却从中得到了启发，他对自己的设计进行了一点小小的改动——就像把直钩弄弯一样简单的改动——结果，一切难题都解决了。

尝试从梦境中获取

人们常说："日有所思，夜有所梦。"的确如此，当你钻研一个问题很长时间之后，即使睡着了，你的大脑潜意识还在对这个问题进行思索，潜意识的活动在梦中虽然表现得无序、怪异、零乱、模糊，但是也能够给我们带来一些灵感。

梦境是对大脑思维的一个自动整理筛选的过程。诺贝尔奖获得者英国科学家克里克认为做梦可以消除掉大脑中的无用信息，使思维变得更加敏捷。俄国化学家门捷列夫发现元素周期律，就是在梦中得到灵感的典型例子。

门捷列夫从 23 岁开始致力于探索千差万别、性质各异的元素之间的规律。他把各种已知元素写在卡片上，然后尝试各种方法对这些卡片进行排列，以求发现其中的规律，在这个问题上他苦苦探索了 20 年。有一天，他在摆弄那些卡片的时候疲倦地趴在桌子上睡着了。在梦中他看到那些卡片活了起来，自动组成了规则的排列。当他醒来之后，迅速按照梦中的排列顺序将已知元素有规律地排列了起来，而且预言了 11 种尚未发现的元素。

记者问他如何在梦中发现元素周期律的，他说："并不像你想的那么简单，这个问题我大约考虑了 20 年才得到了解决。"

要注意，你的梦境永远不可能像一个教练一样直白地去教你怎么做，它只会提供给你一种思路或灵感，由你自己把握。

因此，对待梦境中获得的想法，你要有所取舍，并在理性的指引下进行创新思维。

当你以正确的态度对待梦境时，你从梦中获得的东西自然会更多。

如何有计划地制造你的梦？不妨尝试一下下面的方法：

临睡前，躺在床上回想自己最关心的事情和问题，尽量详细地回忆所有要素和方面，并不断地暗示自己要在睡梦中解决这些问题。这样的一种心理暗示和强化回忆，往往会进入潜意识里，在睡梦中替你思考你最关心的问题。

⇓

舒适地睡去。

⇓

早晨醒来先不要急着睁开眼睛，闭着眼睛在床上躺一阵子，努力回忆梦中的情境。这时梦中情境能够被最大限度地唤起，一旦错过，你可能很快就什么都记不清了。

⇓

当确定自己已经最大限度地将梦境回忆完毕后，睁开眼睛，迅速找出纸笔（应该在睡前就准备在床头）将梦中的主要内容记录下来。这样，你就可以不必担心再将梦忘掉了。

⇓

当你完全清醒过来后，浏览自己的记录，在记录的帮助下再努力回想一下梦境，包括当时的情感、想法，梦中出现的色彩、气味，等等。

⇓

结合你睡前考虑的问题，看看梦境中是否有什么要素和这个问题相暗合，然后从这种相关性着手，逐步理出梦中对这个问题处理的脉络，你或许会有所发现。

第五章

提高创造力的方法

　　人的身上蕴涵有无限的创造力，我们需要把它们解放和开拓出来。当你在进行创造的时候，要尽量跳出对一件事情的主观或客观因素的围圈，就好像你之前对这个专业毫无概念一样。不要担心这样会影响你的知识的发挥。实际上，你的创造力的高低和知识的多少并无直接的关系，知识只是你创造的工具而已。

1

设置并打开创造力开关

> 人的身上本来就蕴涵有无限的创造力……所以需要把它们解放和开拓出来。
>
> ——列夫·托尔斯泰

创造力开关

每天有一个孩子，

他注视的第一件事物，就成了那物，

而且那化为他一部分的事物

会保存一天，或几个钟点，

或者多年，

又或长存于轮转绵延的岁月。

早春的丁香成了这孩子的一部分，

青青的草，白的和红的牵牛花和苜蓿，还有鹪鸟的歌唱，

羊羔，猪崽，马驹，牛犊，

还有畜棚里或泥潭边闹哄哄的一群，

还有鱼儿奇异地悬浮于水下，

还有那美丽奇异的液体，

还有水生植物长着优雅扁平的顶盖，

这些都成了他的一部分。

——节选自瓦尔特·惠特曼《有一个孩子向前走去》

惠特曼无愧于美国最伟大的诗人，他在这首诗里准确地表达了孩子和创造力的许多联系：在孩子眼中，生活就是充满了创造的冒险。

孩子们天生就是创造家。心理学家特里萨·安贝丽博士说："创造力的核心存在于婴儿心中，那是一种去探索的渴望和动力，他们不断去发现和尝试，用自己特有的方法去解决和看待事物。当他们年龄渐长的时候，他们就开始将他们在玩耍时的构想变成了现实。"婴儿时期，一块硬纸板可能会被他们折腾几个星期，他们会将它做成箱子，然后进行再创造，把它变成一个巢穴、一艘坐艇、一只船，或者是一张桌子。总之，可以是除了硬纸板以外的任何东西。上幼儿园的孩子也还总是充满了幻想，每一个孩子都有着某种艺术创造力，被人们认为在某一方面一定会有所成就。一旦他们的涂鸦、问题和对新鲜事物的兴趣得到了激发，创造力就好像是源源不断的流水一样，从他们的大脑中流出来。

不幸的是，许多孩子的幼儿园生活变成他们艺术生命的巅峰。随后，他们会升入一所管理严格、循规蹈矩的学校，整天坐在板凳上听似懂非懂的课程。他们已经能够听懂大人们的教诲，并且知道"听话"的含义和"不听话"可能带来的危险。他们开始对学校和学校的课程感到厌烦，已经没有创造的乐趣了，而且年龄越大，他们所学到的东西就越多，创造力则越低。

那么，是谁把孩子们创造力的开关关闭了？答案是我们的社会和社会上的大人们。

安贝丽博士经过研究和总结，发现人们主要用以下的手段来扼杀孩子们的创造力，强制关闭他们的创造力开关：

一、监督。大人们总是绕在孩子们的身边转来转去，孩子们无论做什么事情都处在监视之中。于是，他们开始害怕冒险和尝试。

二、评价。大人的评价对孩子至关重要。他们的尝试和冒险倾向不是出于自我的需要，而是为了争强好胜。

三、过分控制。大人们总是告诉孩子们一件事情怎么做才是对的，无论这件事是学习、生活或游戏，他们认为这是他们的责任，但是这种责任会扼杀孩子们的创造力。

四、期待。对孩子的过分期待会给孩子带来压力。一个对钢琴好奇的孩子可能被寄予成为音乐家的厚望，而爱好涂鸦的孩子则被希望成为一位画家。这些压力会极大地损伤孩子们创造的积极性。

因为这些原因，在慢慢成长的过程中，一个拥有丰富创造力的人最后创造不出任何东西来。在我们长大了以后，发现自己的创造力开关已经被关闭了。

重新设置我们的创造力开关

在重新打开我们的创造力开关之前，我们需要重新对我们的创造力开关进行设置。这是因为我们毕竟已经不同于孩提时代，我们的经验、知识和思维能力已经大大高于小时候，相应的，创造力的来源也与小时候不同。

如果说小时候的创造力是一种自然的、本能的能力的话，那么当我们吸收了足够多的信息、经验之后，我们的创造力更具备自觉的、主动的社会性。

破除思维枷锁

我们在前面已经讨论过许多种阻碍思维的因素，它们都是我们的思维枷锁。要着力于破除它们对我们思维的禁锢，才能激活我们的创造力。这是一种主动的、积极的、长期的工作。

利用经验创造

当我们的头脑中有足够多的信息和知识的时候，如果我们需要，主动的或被动的思维能够充分地利用这些信息进行创造。信息的碰撞和相互联系会形成一种新的设想，这种产生设想的方式是区别于小时候的。

积极主动的精神

重新将创造变为我们的习惯，必须具有积极主动的精神。我们要有意识地使自己走上具有创造性思维的道路，即使在创造的时候遇到了各种困难或挫折，也必须坚持下去。

重新打开创造力开关

专注

在做任何一件事情的时候，我们必须自然而然地进入创造力的巅峰状态，达到一种忘我的境界。这个兴奋点会让我们主动或者在潜意识里调动大脑的想象力和思维能力。不要考虑时间等其他因素的影响，不要被任何事情打断——即使你必须去做另外的事情，你的脑海里应该还要想着你的创造。

尽情天真

当你在进行创造的时候，要尽量跳出对这件事情的主观或客观因素的围囿，就好像你之前对这个专业毫无概念一样。不要担心这样会影响你的知识的发挥。实际上，你的创造力的高低和知识的多少并无直接的关系，知识只是你创造的工具而已。

冒险精神

把每一次创造都看作一次冒险，不要太注重结果。只有这样你才会全身心地投入到创造中去，即使遭遇失败，也会欣然地接受，愈挫愈勇。

2

让思想永远活跃

人与人的区别，主要是脖子以上的区别——思维决定一切！

——比尔·盖茨

思考决定一切

恩格斯曾经说过："一个哲学家和一个农夫的区别，并不比一只猎犬和一只哈巴狗的区别大。"那么，为什么我们中有的人获得成功，有的人却碌碌无为？是什么使人与人之间的差别如此之大呢？

有很多因素会导致人与人的差别，身体状况、财富、出身、机遇等都可以影响一个人的一生。但是，这些都并不是最主要的因素。身体残疾的霍金，却能够成为世界顶尖的科学家；李嘉诚在创业之初，也只是一个塑胶厂的小推销员，既无财力，又非名门；而机遇，每个人的一生中都可以碰到无数的机遇，只是有的人把握住了，有的人却与一次次机遇失之交臂。

实际上，真正使我们有差别的，还是我们的头脑和思维。

能够进行复杂和有目的的思考，不仅仅是人与动物的差别，也是人与人之间的差别。

这不是说有的人头脑简单，不具备思维的能力。人脑的结构和容量基本都是差不多的，并不存在功能上的差异。因此，人与人之间最明显的，还是思维习惯和思考方式的差别。

是否善于思考，在很大程度上，决定着一个人的成就大小。

古今中外，凡是取得过重大成就的人，在向成功迈进的征途中，都是在不停地思考着的。而且，他们往往把思考放在首位，因为只有经过充分的和正确的思考，才能形成坚定的信念和执行力，也才能获得成功。

著名的财富专家拿破仑·希尔就曾经以一个简单的公式说明了这一道理：

成功 = 正确的思考 + 信念 + 行动

由此可以看到，思考在人们追求成功的道路上占据着多么重要的位置！

爱因斯坦在狭义相对论创立之前，经过了"10年的沉思"。他说："学习知识要善于思考、思考、再思考，我就是靠这个方法成为科学家的。"

伟大的思想家黑格尔在进行著书立说，讲解自己的哲学架构之前，曾经独居6年，专门进行思考。可以说，这6年是他哲学体系真正的形成时期，而之后的工作，只不过是水到渠成的表述。很多哲学史家也都认为，这6年是黑格尔一生中最重要的时期。

牛顿从苹果落地这一现象导出了万有引力定律，有人问他有没有什么"诀窍"。牛顿说："我并没有什么诀窍，有的只不过是对于一件事情长时间的思索罢了。"

著名的昆虫学家柳比歇夫也说："没有时间思索的科学家，那是一个毫无指望的科学家；他如果不能改变自己的日常生活制度，挤出足够的时间去思考，那他最好是放弃科学。"

可见，思考是多么重要的事情！

你善于思考吗

或许你每天的生活都忙忙碌碌，整天都在学习或者紧张地工作，为此你感到很充实。但是，你有没有想过，你的大脑是真正地在思考吗？

英国著名物理学家卢瑟福一天晚上走进实验室（当时已经很晚了），他看到一个学生仍在实验桌前埋头工作。卢瑟福走上前问道："这么晚了，你怎么还在工作？"

学生回答："我每天都这样。"

卢瑟福问："那你白天干什么呢？"

"我也在工作。"

"你是说你一整天基本都在工作吗？"

"是的，老师。"学生看起来有点骄傲。

卢瑟福并没有表扬他，而是提出了这样一个问题："那你什么时候思考呢？"

学生无言以对。

这个例子说明，勤奋固然是可敬的，但是却未必是最重要的。如果你没有经过充分和正确的思考，你的勤奋很可能导致一些无用功，这只能称为蛮干。

懒惰平庸的人往往并不是不动手脚，而是不动脑筋，这是一种更为可耻的懒惰，这种习惯往往会制约人的发展，使人无法抓住摆脱困境的时机。相反，那些成功者往往都有勤于思考的习惯，善于发现问题、解决问题，从不蛮干。

思考很困难吗

思考很重要，它是成功的最重要的素质。因此，很多人可能把思考当作一种很困难的事情，认为思考就是在头脑中进行艰苦的创造。

其实，恰恰是这种想法阻碍了很多人的思考，使他们畏难而退。实际上，他们是被自己假想出的困难击倒了。

你挪动一个笨重的箱子，它很沉，直接推动或抱走会很消耗体力。你想找个省力的办法，于是，你用了几根原木当轮子，推动箱子前进；或者你以箱子的一角为支点，跨步式地搬动它，这都能使你省下不少力气。

这不是很困难，这就是思考。

事实上，生活的方方面面都有我们需要进行思考的地方，思考是无处不在的。比如，如何进行房间的装饰、房屋的布置、家具的摆设，这都是需要动用脑筋作出决定的事情，你在生活中，总是在思考着的。因此，思考实际上是我们很普通的一种生活方式，它并不是什么需要学习的技能，只是我们的一种本能。

有的人之所以失去这种本能，一种原因是懒惰，一种原因是误以为勤奋就是思考，而另一种原因则是他们对这个世界漠不关心，认为一切存在的和正在发生的都是理所当然，没有思考的必要。在这种种原因下，他们的思考能力便退化了。

美国作家房龙在他所著的《宽容》一书中说道："在无知的山谷中，人们过着幸福的生活。"他用文学的手段揭示了当人们被禁锢于一定的生活环境和生活习惯之中时，就会产生思维的惰性和惯性，从而安于现状，不思变革。

只有打破这种禁锢，我们才能自由思考。

成年后创造力的来源与小时候不同，我们需要重新设置创造力开关。

3

环境与创造力

物质环境对创造力的影响

如果我们把两株相同的花移到肥沃度完全不同的花盆中，对种在肥沃土壤的那盆花经常浇水和照顾，对种在贫瘠土壤的那盆花从不浇水，会产生什么结果呢？答案显而易见：前者会长得很好，而后者可能有死掉的危险。

这跟橘生南方为橘、生北方为枳的道理一样：环境对植物的生长有很大的影响。创造学家发现，不同的环境对创造力的发挥也有很大的影响。

即使是那些非常富有创造力的人，环境对他们似乎也有不同程度的影响。F.麦克莱伦在他的《想象和思考》一书中说："一些伟大的思想家的周围总是放着一些富有刺激性的东西，这些东西似乎对他们的思考有着奇妙的作用。约翰逊博士在进行创造的时候需要猫咪的叫声、橙子皮，而且需要喝大量的茶。左拉在白天的时候要把窗帘放下来，因为据说他在灯光下更加能够集中精力。席勒在每次开始创作的时候，常常习惯性地把腐烂的水果放在桌上，就好像只有闻到这种腐烂的气味的时候，他才能工作。"

正因为环境对一个人的创造力的影响非常大，许多人（或公司）以提供或改变一个合适的环境来提高创造力。伊奈特是瑞典一家专门为客户出谋划策的咨询公司，它的办公大楼可以算是地球上最让人感到意外的办公大楼了。在伊奈特的大楼里，没有长方形的房间，整个办公区间由各种奇怪的角度和形状构成。你会看到描绘着超现实主义的云彩的地板，用油彩画上了三维图形的墙壁；透过玻璃窗你可以看见其他房间和楼层的风景；楼里没有直线的走廊，都是呈"Z"字形；在会议室里，人们把一架钢琴当作会议桌来使用。

之所以这样设计，最重要的一个原因就是这能够帮助员工保持新鲜感，伊奈特公司的总裁说："我想，这样一个能够让你好像置身于探险之旅的工作环境，是令人兴奋的。"毫无疑问，这样的环境一定能够提高员工的创造性。

文化环境对创造力的影响

我们在前面已经提到过，某些社会环境实际上是反对创新的。不管是"NIH"症状，还是创新本身存在的危险，都让那些尝试用新方法做事情的人有很多实际的困难。

只要果实

大多数领导者或其他处在较高位置的人不但自己不喜欢创造，他们留给创造者的空间也小得可怜。他们也许十分喜欢创造的果实，但是却讨厌那些结出果实的树。他们经常说：

"那些小伙子偶尔能够想出一些看起来不错的点子，除了这点外，他们简直一无是处，应该统统被解雇。"

"他们为了研究出这个小小的东西，花费了太多的时间和金钱。"

"他们的确解决了这个问题，可是他们走了不少的弯路。这毕竟是一个小问题而已。"

"约翰要求太多了。他如果不是睡着的话，那么也一定是昏昏沉沉的。他一整天做了些什么事情呢？"

有一些领导者知道如果不变革创新的话，就会被淘汰，因此他们也喜欢创新，但是他们却无法与那些创新者很好地相处。那些创造力强的人往往做事不拘小节，为了一个点子的产生花费很多时间，他们也不会有什么工作计划，所有的限制都可能直接导致他们的创造力下降。领导不喜欢这样的下属，一句话，他们希望砍掉树而留下果实，而这显然是不现实的。

不允许失败

任何创造性的活动总是会伴随着一定的风险，甚至有的时候不论你怎么去努力控制和减少这种风险，失败仍是不可避免的。如果创造者能够从失败中吸取教训，继续创造的话，这对创造是一种巨大的促进作用。20世纪最伟大的物理学家之一理查德·范曼曾经说："为了得到最好的创意，我总是在让自己尽可能快地去失败。"如果每一个创造者可以生存在这样一个宽松的环境里，那么很多奇迹就会发生。

但实际上，创造和失败之间的紧密关系让创造力的发挥有了很多困难。我们的社会环境总是否定失败，人们害怕失败。我们经常听到这样一句话："失败一次，你可能有麻烦；失败两次，你可能被扫地出门。"如果一个新创意的失败让它的提出者成为众矢之的，那么就不会有人去甘心冒这个险。

保守的高层

许多公司的高层希望改变自己公司的文化，鼓励员工去发挥自己的创造力，但是自己却依照老方法循规蹈矩地做事。如果员工们发现领导只是说说而已，他们会认为所谓的"没有责备的文化"只是领导宣传的幌子而已。员工们要求看到切实可见的高层行动。

缺乏信任和沟通

能够发挥创造力的最好的环境是信任和便于沟通的环境。人们必须相信创造者能够采取适当的行动，并且对其全部行动予以支持。同样，创造者也必须对他们的领导者或者周围的人们十分信任。否则，创造者很明显会花很大一部分精力在处理人际关系方面，无法致力于创新，会变得非常谨慎，无法取得创造的成果。

美国零售企业 Nordstrom 公司非常鼓励自己的员工进行创新，并且是脚踏实地地这么做，他们的员工手册上有这么一行字：

无论遇到何种情况，自己去进行判断。

这是一个充满信任的理想的创造环境。这种环境为创造力的发挥铺平了道路。

另外，沟通也是鼓励创造的一个重要因素。有了顺畅的沟通，创造者会很容易地说服其他人为他提供帮助（至少不反对他），这将给创造者的创造减少不少的阻力。

没有足够的个人空间

3M 公司长期以来始终坚持每周留给员工半天的个人时间，在这段时间里，员工可以做任何他们喜欢做的事情，并且可以充分利用公司的资源——前提是成果为公司所有。这种做法看起来好像是一种巨大的浪费，但是实际上却为公司带来不少的收益。

想让一个人充分发挥自己的创造力，最好的办法莫过于留给他足够的个人空间。不要去管他在做什么事情，也不要管他用了什么方法，甚至不用去关心他是否需要你的帮助——如果他需要的话，他会主动找你的。

想让一个人充分发挥他的创造力，就不要限制他的个人空间。

竞争

历史证明，在那些多种价值观并存、社会动乱的时代更加容易产生一些有价值的思想（思想体系），我们可以将这个历史规律缩小到我们创造的环境中来。思想的相互碰撞会带来更好的思想，而那些真正有价值的设想也会通过相互辩论而变得更加清晰和重要。当然，我们绝对反对那些以攻击和打倒别人为目的的竞争。

文化环境清单

文化环境比物质环境对创造力的影响更为巨大。"人们都想用某种与众不同的才能来展现自己，但是这些才能必须首先适应我们的社会、我们的管理模式。"J．B．普里斯特里说。我们很庆幸的是这只是带有讽刺意义的一句话。那些期待出现大量创造和发明的地方：公司、工厂、学校、办公室等，正好需要反过来做。我们提供了一个环境清单，将适合创造的环境和抑制创造的环境分别列了出来。

适合创造的环境	抑制创造的环境
对现状持怀疑态度	按部就班
自由的	上级严密控制
强调结果	强调方法
开放的	封闭的
多种价值观	一种价值观
只有大致的工作方向	详细的工作计划
以实际行动追求创新的上司	只说不做的上司
新方法	传统方法
允许失败	只希望成功
放松的状态	沉重的压力
足够的个人空间	沉重的工作负担

随时记录你的想法

> 人们最好在自己的口袋里装上一个笔记本，以方便记下一些重要的想法。无处寻找的东西往往是最好的、最有价值的东西，应该保存它们，因为它们很难再次出现。
>
> ——弗朗西斯·培根

他们共同的习惯

综观历史，我们可以发现，许多重要的发明都是瞬间灵感的产物。

灵感，正如我们知道的那样，总是不期而至，它会在我们洗澡时、刷牙时、休息时闪现，甚至还会在梦中出现。但是这恰恰也是它的缺点：当它突如其来的时候，我们并没有做好准备来接受它，当一个灵感在我们的头脑突然出现的时候，我们也许会有一时的印象，但是过一段时间，我们的头脑会被新的信息占据，而灵感就会消失得无影无踪。因此，如果我们不采取一些措施的话，它就会像我们大脑中的一个过客一样，总是匆匆而来，又匆匆而去。

怎么办？最简单和有效的方法就是，当你的头脑里有某个灵感的时候，立刻把它记录下来。这也正是许多成功人士的做法。

俄国文学家列夫·托尔斯泰曾经说："身边永远要带着铅笔和笔记本。读书和谈话时碰到的一些美妙的地方和语言，都把它记下来。"

而他的同胞和同行高尔基从 16 岁起，就十分注意听别人的语言，并能马上记到小本子上。他说："起初记录些谚语、俚语、俗语，这些形成了我个人的印象。"

我国唐代鬼才诗人李贺也随身带有锦囊，一旦闪现灵感，就立即把它记下来投入其中。

日本松下电器的创始人松下幸之助是一个能够活用记录的人。在他家里，每个地方——包括厕所里都有便条，用来记录闪现的灵感。他记下的无数便条中，有许多灵感已经产生了畅销的商品。

艾尔伯特·爱因斯坦也有随时记录的习惯。

有一次，他一边跟朋友吃饭，一边讨论问题。这时，一个灵感出现了，他一时找不到纸，就把自己的想法写在了崭新的餐布上。托马斯·爱迪生经常随身携带笔记本，随时记录自己的新想法。

有一些音乐家也有这样的习惯。

有一天，奥地利音乐家约翰·施特劳斯正在餐馆吃饭，这时候一段音乐的灵感不约而至，由于找不到纸，他便用笔在自己的衬衣袖子上写起来。这段衬衣上的曲子就是后来流传世界

艺术源于自然，它或者补充大自然的不足，或者模仿大自然。

的名曲《蓝色多瑙河》的原本。

记录夜间的灵感

午夜的时候你从梦中醒来，喝了一杯水，这时候你突然记起了梦里的一个很奇怪的想法，你隐隐约约感到这个想法和你正在考虑的一个问题有关，但是太晚了，你又不想打扰你的妻子，于是想明天早上再把它记下来。

第二天早上你还记得要找纸和笔，但是却忘记了究竟是什么想法了。你怎么想都想不起来，于是不得不放弃。

灵感是大脑瞬间的闪电，很难再次出现。

这就是你夜间失去的东西：那些对你来说很重要的灵感。你可以说它们选择了错误的时间来拜访你，但是它们可能以后再也不会来了。

因此，最好的办法是在夜里就把它记下来，你的记录是决定这些灵感的命运的关键。

随时记录你的想法

你需要养成记录的习惯，因为那些灵感是可遇而不可求、稍纵即逝的，如果没有抓住它们，你将要浪费这些可贵的东西。以下的一些细节可以帮你做到这一点。

在厨房或卧室放写字的便笺。

在浴室放一支笔。

在车里放一部小型录音机。

随身随带笔记本或日记本。

　　一时找不到纸就写在手腕上。

　　利用身边的任何东西随时记录你的想法。

　　有的时候我们的灵感需要一些比较详细的记录，因为其中的一些细节十分重要。

灵感便笺

　　我们提供这样一张灵感便笺的模式，以详细记录灵感。

　　事实上，很多人正在使用这样的一份灵感便笺。

　　那些突然出现在头脑里的东西绝非偶然，它非常有可能成为解决某个问题的办法，至少可能成为一个突破口。

5

对现有事物进行修改和改造

> 一切与发明创造有关的事物，都是借来的。
>
> ——万德尔·菲利浦

对现有事物的修改和改造是一种简单和有效的创造方法，它属于模仿思维在创新上的运用。那些成功的创造往往是对已经存在的事物进行修改和改造，而不是去发明全新的事物。

伊冯·乔伊纳德以前从未想过自己会建立一个世界上最新颖的运动服装公司，他对登山最感兴趣。出于对登山的热情以及对一种好铁栓的需要，他决意改造他好不容易从欧洲买来的铁栓——这是当时唯一能买到的登山工具，用软钢线做成，并且只能使用一次。他只不过把材料换成了质地更好的钢，并且在外形上做了些许的改动，于是一个新的铁栓产生了。

伊冯·乔伊纳德一开始只是为自己做了一些，后来为朋友，但是他很快开始销售它们了。1990 年，乔伊纳德在南加利福尼亚州的公司——派特高尼的总收入达到 1.2 亿美元，年增长率为 35%，有 500 人在为他工作。乔伊纳德对人们说："并不是我们发明了这些登山工具，我们只是

对事物的修改和改造是一种有效的创造方法。

做了一些革新。"他甚至不无委屈地说，只对登山感兴趣的他，因为这些"革新"已经变成了"纸的傀儡"——他现在拥有了一家价值5亿美元的公司。

成功之后的人们往往感觉成功如此轻松。那些创造者只需要转身看看自己周围已经存在的东西，想想如何改造它们以满足自己的某个需要，一个高明的点子就出来了。而这个点子可能改变一个人的一生。

约翰·迪尔于1837年创立的约翰·迪尔公司目前在全球拥有47000名雇员，在16个国家设有制造基地。迪尔公司名列全球财富500强和美国财富200强，拥有180亿美元的固定资产，它的产品销往160多个国家和地区。这一切源于约翰·迪尔的一个小小的改造，他只不过将铁犁换成了钢犁——这种钢犁的好处是不沾泥。那时候的约翰·迪尔还只是一个铁匠。约翰·迪尔说："我决不能把自己的名字放在不能体现最佳性能的产品上。"我们可以设想，这对他来说也许不是什么很困难的事情——他只不过需要对一些产品进行一些修改或改造而已。

在怀特兄弟发明飞机之前，已经有很多人在对飞机进行研究了，他们进行了很多实验和设计，但是都没有成功。怀特兄弟在这些设计的基础上进行了修改——他们在飞机机翼上安装了可以移动的阻力板，并最终取得了成功。

如何改造

对现有事物的改造需要创造者从不同的角度去发现问题。我们在前面举过的例子中，休伯特·布恩发明吸尘器的思路与众不同，他的发明似乎十分轻松，但是并不是每个人都能够做到。

对现有事物的改造需要改造者发现问题的关键所在，解决它的本质问题。在亚历山大·格雷姆·贝尔发明电话之前，已经有人成功地发明了电话——只是不能用，这个发明者是菲利普·赖斯。赖斯的电话传送的声音只是嗡嗡声，而不是讲话的声音。贝尔经过研究，发现了问题的本质，然后解决了这个问题——他使用了连续的电流替代了间接的电流。经过贝尔改造后的电话机很快受到了世人的欢迎。

放大现有事物的缺点是改造者的另一个重要方法。当所有人认为它的缺点可以忽略的时候，对它进行改造。

爱迪生发明了电灯之后，早期的电灯全部都是白色灯泡，人们普遍认为白色能够增添明亮度，因此是最合适的颜色。一位年轻人对此产生了疑问，灯泡的玻璃外壳，为什么一定要用白色？经过钻研，他发现制作其他颜色的灯泡需要特殊的技术。为了解决这个问题，他埋首研究，终于突破了灯泡技术上的瓶颈，发明了五颜六色的灯泡，为世界增添了许多色彩。这是发明电灯后的又一进步。

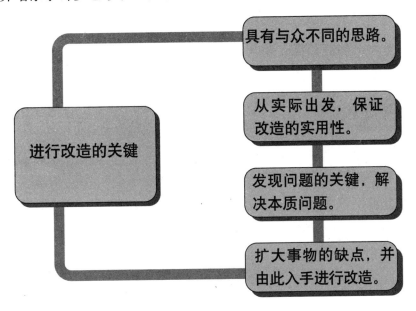

具有与众不同的思路。

从实际出发，保证改造的实用性。

进行改造的关键

发现问题的关键，解决本质问题。

扩大事物的缺点，并由此入手进行改造。

6

集思广益

> 一个人每时每刻都可能会产生大量的想法，在其他事情上也这样，就会有更多的机会拥有伟大的构想。
>
> ——J.P. 吉尔福德

集思广益的好处

作为一个创造团队，集思广益是寻找创造性方案的最好方法。在这样的环境中，一方面，一个人的想法可能会引起其他人的想法，从而源源不断地产生新的想法；另一方面，大家可以就某个想法本身进行讨论和发掘，从而完善和发挥这个想法。

集思广益是所有创造性工作方法中最重要、也最常被采用的一个，一个很明显的例子就是当公司在遇到某一个问题，依靠个人或小团队力量无法解决的时候，常常会召集许多人开会讨论。在大家充分发表意见的过程中，通过思想与思想间的相互碰撞，这个问题往往会得到圆满解决。

我们已经提到过的伊奈特大楼的另一个特色是，那儿没有通常意义上的视觉指南。那儿的门上没有标示牌，也没有其他能够告诉你所在位置的标示。如果你是新来者，还不熟悉这个地方，想找到某个地方或某个人，你必须开口说话。这使得那些新来者被迫开口问问题、和他人交谈，然后慢慢地养成和别人交谈的习惯。在这样的环境下，公司的同事之间频繁地见面，并且热衷于和大家一起讨论问题。

只有经过知识的灌溉，才会开出创造之花。

这种自发的相互作用使得员工之间得到了集思广益的机会，并受益良多。伊奈特的一名工作人员说："我们常常从一种角度来看问题，这样很容易被禁锢住，所以我们花很多时间来博采众长。如果这是一栋传统的大楼，那么这种机会将会少之又少。因为那样你不能轻易站起身，穿过走廊，来到另外一个小隔间坐下。而现在做到这一点却很简单，你会很偶然地走到所有地方，跟很多人交谈。"

集思广益的若干规则

在德国，有一种非常巧妙的集思广益的方法，这种方法被称为"默写式智力激励法"。他们会召集6个人参加圆桌会议，当会议开始之后，主持人宣布议题，然后发给每个人卡片，要求每个人在5分钟之内想出3个设想，写完之后传给坐在自己右边的人。右边的人在看到别人传过来的设想之后，受到启发，然后再写出自己的3个设想。如此循环，一共会得到108个想法。最后，由主持人归纳整理，并由大家充分讨论，以得到最佳的解决办法。

集思广益需要针对不同的场合和不同的参与者的特点，采取较为合适的方法。在有众多参加者一起讨论的过程中，有若干规则需要被遵循。只有遵循这些规则，才能发挥集思广益的功效。

清楚地阐明主题。当你向别人咨询或者团体一起讨论之前，尽可能让所有人都详细地了解问题的本质和必要的背景材料，否则有可能浪费大家的时间。

清楚地表达每个人的意见。尽量把自己的观点表达清楚，把自己的想法和想法的主要特点介绍出来，让别人更加清楚你的想法。如果有可能，把每个人的想法都写在一块大家都看得见的黑板上。

不要打断他人的发言。当某人要发表意见的时候，应该马上安静下来，不要随便打断他的发言。

不要随便否定一个意见，即使它看上去很不可思议。阿尔弗莱德.N.怀特海说："几乎所有的想法在第一次产生的时候都显得很荒谬。"尽量保护那些奇怪的想法，因为根据大多数人的经验，正确的设想往往从这里而来。

每个人都分析其他意见，并且尽量顺着意见往下思考。我们已经说过，某些看起来不切实际的想法可能成为联想的探路石，可能引起人们的灵感。在这个意义上来说，每个想法都是有意义的。

尽可能多地集中想法。把每一个想法都记下来，撰写一份设想的清单，但不要按照类别来划分。只有在拥有很多设想的情况下，才能产生好的想法。

尽量创造轻松的氛围。不要试图命令集体拿出一些好想法来，那样不会有任何成就。一个自由开放轻松活泼的环境更加容易产生好的设想。

更加注重最后的讨论。在讨论的过程中，后半部分的意义更加重要。因为前半部分的谈话通常都是一些常用答案和习惯的解决办法，人们的思路只会慢慢地被打开。

7

为创造做好准备

> 人们除非常常沉浸在他的问题中，否则灵感不会像人们所说的那样悄然而至……我的内心不断聚集能量，我的情绪十分高涨，就像一片载满雷电的乌云，那里面孕育着一场即将爆发的飓风；它将临未临，我却离答案越来越近。最后，暴风雨终于来临了……
>
> ——托马斯·沃尔夫

我们曾经将创造过程构想阶段中的某一个时期称为"黎明前的黑暗"，实际上它就是指创造的准备阶段，包括我们突然得到答案之前构想阶段的全部时期。在这一阶段中，我们需要全身心地投入到问题之中，搜集一切可能搜集到的信息和各种解决办法，然后静候灵感的来临。简而言之，这是一个为创造铺平道路的过程。

创造决不能仅凭直觉和灵感得到，只有当思考的对象和意识的焦点重合的时候，才能产生灵感和构想。在创造前的准备阶段，我们需要解决以下一些问题，从而为创造做好准备。

明确目标

我们在日常生活和工作中遇到的问题一般都较为复杂难解。明确目标使我们的大脑按照既定的思维结果去思考，目标使问题更加明确。

要发挥创造的潜能，必须首先确立自己的目标，并且掌握目标的性质，从而选择针对性的方法。另外，我们需要确知目标的难度、界限以及范围，才不至于让头脑泛泛地对其进行思考。没有明确的目标，甚至可能导致我们看不见问题的存在；当目标模糊、游移的时候，问题也随之模糊不清，因此无法将创造力引向一个明确的方向。

为创造做准备，首先要有明确的目标。

思维准备

在我们准备创造的时候，一方面，我们早已习惯的各种解决问题的传统办法，通常会阻碍我们的创造，心理学家称之为"思维定式"或"惯性思维"，它使得我们常常只看到问题的表面，或者使我们总是从同一个角度去思考问题。这种后果实际上就是思维僵化的表现。另一方面，我们通常因为考虑到外部压力，把自己的创造性精神束缚在一个世俗的标准范围之内，从而使自己的创造力受到伤害。除此之外，对创造潜在失败的恐惧也可能使我们失去创造精神。这些思维障碍都影响了创造性的发挥，我们必须在准备阶段将其在我们的脑海中清除干净。

信息准备

信息准备是准备工作中最烦琐的一个环节，我们必须有足够的毅力去完成它。信息准备主要包含几个部分：对知识的掌握、对问题的分析、对相关信息和解决办法的搜集。这一点我们已经在前面稍有讲述。

我们必须要掌握足够的知识，才能为创造提供合适的温度、水分和阳光，才能助长灵感和直觉的产生。各种问题使我们的知识不断地进行重组和拆分，在我们的头脑中不断地寻找它合适的解决方案。或者，知识仅仅作为一种催化剂，它像一根导火线，引起了想象和直觉的爆炸。

我们时常遇到重重问题，如果无法将这些问题有条理地整理清楚，赋予各个问题明确的界限及定义，从而使问题得以清晰地呈现，那么我们的思维将会没有突破点。而且，我们需要将问题化解到我们可以解决的层次。如果不能了解问题的含义，掌握不住问题的关键所在，只是盲目地进行思考，结果通常是一无所获。因此，我们必须利用各种方法对问题的各个细节、本质、起因、影响进行研究。

我们需要尽可能多地搜集问题的相关信息和解决办法。只有当足够多的信息和资料汇集在大脑里的时候，它们才会相互之间进行碰撞

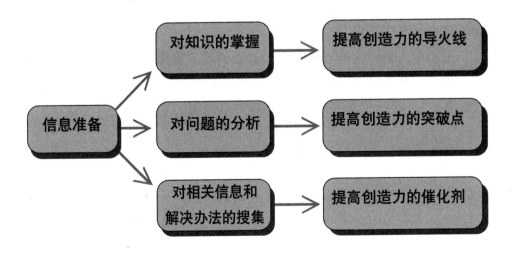

和融合，一些观点才会自然而然地融入你的脑海中，甚至产生一些新的设想。另一方面，更多的信息也提供更多思维的角度，从而让我们找到更多的方法。

有很多富有创造力的人的独特创造方法值得我们借鉴。

提前想到意外情况，并将其列入计划。

在这里要介绍的是一位舞蹈家的方法。他为自己创造力的发挥准备了一个创造力的"盒子"。

这个盒子是我们平常可以看到和用到的硬纸板盒，盒子本身没有什么特别之处。这种盒子分作两个类别，每个类别分别有很多个盒子。其中有资料盒——用以保存自己平常经常用到的重要的资料；创意盒——平常保存的一些灵感便笺或创意笔记。

这个方法的确有效，它使灵感和创意组织化，不会因为记忆力而丢失一些有价值的创意，并且保存了许多重要的资料，在需要的时候能够非常方便地找到。

可以看出来，这种方法实际上也是创造力的准备方法。

当然，每个人都有自己不同的准备方法。但是最重要的一点是：我们必须在进行创造的时候，充分地做好创造的准备。

8

挖掘，以发现新东西

> 在天才们的每一项工作中，我们却意识到自己曾经遗弃的想法。
>
> ——拉尔夫·瓦尔多·爱默生

登上发现之旅

当22岁的查尔斯·达尔文登上英国皇家海军小猎犬号，开始他历时5年的周游世界之旅的时候，他是唯一一个以不同的角度看待这次旅行的人。当船上的其他人把这次旅行仅仅当作猎奇的经历，并不遗余力地追求各种新奇玩意的时候，达尔文却埋头于各种化石的研究中，他对每一次经历都进行了细致的记录。对他来说，这是一次19世纪科学的"光荣之旅"。这个航行过程产生了人类最伟大的成就之一：进化论。

我们的周围有许多这样的事物存在，但是却被我们忽略了。我们习惯于在这个世界中匆匆穿行，但是却对其中的东西视而不见。我们倾向于重蹈覆辙、按部就班，就像威廉·莎士比亚的著名剧作《暴风雨》中所描绘的魔术师的女儿米兰达，她把自己的思维囚禁起来，只有当一些外来者入侵的时候，才意识到自己原来的思维有多么危险。

我们有幸置身于一个丰富多彩的世界之中，俯拾即是创造发明的素材。当我们以一种批判和创新的姿态对待周围事物的时候，客厅、卧室、厨房都成了我们发挥自己创造力的地方。我们只有运用创造的眼光进行审视，才会有与众不同的发现。

一位非常爱吃橘子的家庭主妇觉得剥橘子皮是一件烦心的事，最后终于发明了柑橘专用的剥皮机。许多饭店的房门把手常常布满静电，旅客伸手触摸时，往往会有小小的火花出现。许多饭店工作人员对此见怪不怪，但一名女子在门把上套上一个小小的门把套，这项看似微不足道的改进最后居然申请了专利权。

因此，关键问题不在我们去了哪里，有哪些经历，而在于如何看待这些事物。让自己登上发现之旅，用一种新的眼光来看待平常的一些事物，就可以在它们身上挖掘出新东西。

重新挖掘的方法

发掘身边的事物

你的身边隐含着许多创造的机会，但是需要你去发现。当你遇到一个问题的时候，在你的身边可能会找到答案。思考和观察那些你已经熟悉的东西，你可能会有很多新的感触和灵感闪现。不经意间，你可能会像发明剥橘子机的妇人一样发明另一项东西。

有很多东西可以让我们去挖掘，其中最普通的方式就是阅读。当我们的头脑空空如也的时候，阅读能够带给我们很多新的思路。不管是一本书、一本杂志、一张报纸、一个广告文书，还是一份用户手册或者产品介绍，我们都可以从中挖掘一些东西。阅读能够帮助我们产生想法，它就像运动员在训练一样，你阅读得越多，你就越对产生想法和发挥自己想象力的技巧更加熟练。

日常交谈也可以是我们挖掘的对象。披头士成员、两位音乐艺术家保罗·麦卡尼和约翰·列侬的《8天一星期》就是他们在与一位司机的交谈中得到的创意。当时麦卡尼坐在车里，他正要去列侬家和他一起工作，他跟司机随意地交谈起来。他问司机："最近如何？""努力工作，"司机兴致低沉地答道，"每个星期工作8天。"麦卡尼以前从没有听过这样的说法，当他说列侬提起这件事的时候，列侬说："好极了。"于是他们当场就写下了那首歌。

在观察自然的时候，我们也会常常获得很多灵感。莫扎特和贝多芬都曾经因为观察鸟类而写出关于鸟的音乐主题。当然，一个演员可以从鸟的飞行姿态和在树枝上停留的姿态发现新的行为方式，而一个画家可以通过研究鸟的羽毛而产生新的颜色组成方式。从不同的角度来挖掘，可以让我们从自然之中得出不同的创造素材。

欣赏别人的作品可以给我们带来想法。不管你是在博物馆里、剧院里，还是展览馆里，是在欣赏一幅画、一场演出，还是一件衣服，你都能从中获得灵感。

在我们的日常活动中，还有更多的方式去让你挖掘。你身边的任何一件东西，你都能从中得到想法。

质问常规

常规会哄骗你入睡，它是创造的死敌，需要我们警惕。你够警惕吗？你把什么想当然了？

在那些常规之中挖掘出新的东西，找出一些与以往不同的东西，或许我们眼里的世界会更加精彩。请故意打破自己的常规，强迫自己换个方式来看待这个世界。试着对你的常规做实验，就从手边的第一件事做起，从它开始来一个小小的变化。

质问常规会让你有更好的点子。有些看起来毫无破绽的东西，只有和你当面对质的时候才会把它们的缺点显现出来。它们是经不住拷问的。

常规之所以需要打破的另一个原因是，与其等到它被迫打破时让你措手不及，还不如自己慢慢地改变，否则你对意外的经历不会有任何准备。

识别障碍

在你打算进行重新挖掘的时候，可能会遇到很多障碍。许多人希望你停留在目前的状态和模式之中，这样对他可能有某种好处（当开放源代码软件兴起之后，曾经遭到过律师们的反对，因为他们极为拥护财产私有）。这些障碍会把你限制在当前的观点和视野当中，使你看不到新的模式，你需要发现并清除这些阻碍你挖掘的障碍。

创造是你摆脱困境的重要手段。

9

寻找并确定一个出发点

> 留声机、音乐的思想、乐谱，以及声波，在存在于语言和万物之间的形象化的内部关系中都互相依存，它们在逻辑结构上是共同的。
>
> ——路德维希·维特根斯坦

重要的出发点

德国小说家、诺贝尔奖获得者托马斯·曼的小说的一个重要特点是中心十分明确。他的第一部长篇小说《布登勃洛克一家》，让人们清晰地看到一个家族王朝的消失；《约瑟夫和他的兄弟们》则完全是从《旧约全书》里的《出埃及记》中引出的一个情节，虽然前者有1400页，而他借鉴的故事本身只有几页；在《浮士德博士》中，这个特点更加表露无遗。

我们经常在读一部小说、听一曲音乐、看一幅画的时候问这样一个问题：这个作品的出发点是什么呢？作者想要表达什么呢？我们实际在追问的就是这些创作的中心。

创造的出发点有时候跟自己最初的想法（这个想法是最初的出发

点，但不一定是整部已经完成的作品的出发点）是重合的，托马斯·曼的作品即是明证。它们的关系似乎是这样的：我们的创造一开始总是出于某个强烈的想法，然后希望在创造物中始终贯穿这个想法。或者说，这个想法是我们开始的基础，并逐渐成为创造的中心和灵魂。通过某个灵感，我们开始了创造，它是通往下一阶段的桥梁。创造的所有属性都将为这个中心服务，实际上，这就是全部的创造内容。从这种意义上说，寻找并确定一个出发点，对创造来说至关重要。

1819 年，音乐出版商安东·迪阿波里给许多音乐家寄了一个简单的华尔兹舞曲的主题，他请求每个人都写出不同的作品来。迪阿波里是个成功的出版商，却是个平庸的作曲家，他这么做是想向世人证明他的能力——在不高明的主题中，化腐朽为神奇。古典音乐大师贝多芬在收到邀请信以后，回复说他不打算做任何事情。之后，他开始动手改编自己的 8 ~ 12 首作品。他认为，迪阿波里的主题简单可笑，他根本就不想参与进来。

> 寻找并确定一个出发点，对创造来说至关重要。

我们猜想这一主题一定在贝多芬的脑海里至少停留了很长一段时间。3 年后，当他完成最后的钢琴协奏曲《作品 111》后，他发现自己正在用迪阿波里的主题，于是参加了那个计划。他甚至连续写了一系列共 33 首的变奏曲，即现在大家都熟悉的《迪阿波里主题变奏曲》。虽然这首为独奏而谱的曲子规模宏大，长达 1 小时，但是却没有背离原来的主题。有经验的听众一定能够从这支曲子里听出属于迪阿波里的主题。我们需要感谢迪阿波里，因为是他给了贝多芬灵感，才让这么伟大的作品问世。

有些时候，我们最初的想法并没有成为我们创造的中心。你怀着某个目的进行创造，经过了很多天，你的思维又增加了新的信息和设想，并且发现你掌握的材料都更加适合于朝另一个创造方向发展，于是你创造的中心慢慢地偏离了原来的出发点。但重要的是，你已经成功地以你的第一个灵感开始了创造之旅，至于目标引向何处，对创造本身来说已经无关紧要了。

没有中心地进行创造可能会让你混过几天，但是马上就会迷失方向。当你进行下一步创作的时候，你会在屋子里踱来踱去，然后问自己：我到底想说什么？只有回答了这个问题，你才能进行下一步的创作。你的所有工作都是围绕你的出发点，它是你创造的指挥棒。出发点并不是要把你从创造过程中的真正工作中拉开，它是一种工具，使你的工作更加容易。

从根本上来说，创造因为其出发点而被人关注。创造者和欣赏创造的人有一个契约。只有当欣赏创造的人找到这个契约的时候，两者才能结合在一起。否则，对方会对着这个创造物产生疑惑：这是什么意思？而那些好的创造都因为创作者将这种契约以一种十分恰当的方式传达给欣赏创造的人，从而获得巨大成功。这就是美国作家赫尔曼·梅尔维尔的小说《白鲸》有着巨大感染力和长期畅销的原因——它的出发点十分清晰。

寻找出发点

寻找并确定自己的出发点是一件至关重要的事情。有时候我们在创造的过程中产生困惑，那多半是因为自己对作品的出发点没有很好的把握，忘记了自己的出发点。你能够通过回顾你最初的意图、弄清楚你的目标来找到它。

如果你的出发点开始变得很模糊的时候，或许是你对它的作用产生动摇的时候。回头想一想你最初的想法是什么，这个想法是如何、何时开始改变的，改变它是否有意义。在回答了这些问题之后，你一定能够确定自己的出发点。

10

让思路从细微处解脱出来

局限的危险

先做一个测试：要求用 4 条直线把下面这 9 个小圈连起来，注意要一笔完成。

如果你没有回答出这个问题，不要紧，因为很多人都没有回答出来。许多人在解决这道问题的时候都受到了惯常思维的限制，使得他们无法给出答案。如果我们试图在最后一横排的最后和第一竖排的前面的位置各加 1 个小圈，问题就变得很容易了。这两个问题实际上是一样的。

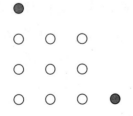
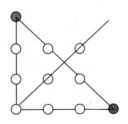

我们后来加的两个小圈有一种神奇的效果：它们拉宽了我们的视野，使我们看得更开阔。而这就是本道测试题的目的：它提醒我们，在看待问题的时候，要尽量从细微处摆脱出来，要尽可能地全面。我们在现实生活中遇到的问题可能比这道题要复杂得多，因为对于那些问题，你需要注意的不止 9 个小圈，而是更多；而且，你的视野可能被客观条件限制得更多。如果你要解决它们，必须要更加全面地对待它们，你的视野要更加开阔。

这是一个非常有价值的产生创造力的方法。一个人看到的问题越全面，他越能找到有效的方法。如果把他的目光聚焦在一点上，那么他只能拿出关于这一点的方法。每个蒙了眼睛的人摸到的都是大象，但是他们所获得的信息并不是一只大象的全部，所以他们的结论可笑而幼稚。我们常常抱怨某个问题很难，简直没有办法去解决。那可能是因为我们并没有看到问题的全部，即使你对自己所看到的那一部分进行了详细和深入的研究。这就好像拿一个放大镜对准了自己的脚趾，即使这个放大镜的倍数再大，也看不到自己全身。在不了解问题的情况下去解决问题，失败也就不足为奇了。

为什么只看到一部分

电梯里的镜子是做什么用的？

公司职员：让乘坐电梯的人整理仪容。

身材肥大的人：让电梯空间看起来更加开阔。

近视眼：使电梯内的光线更加明亮。

……

每个人的答案都不尽相同，这是因为人们只看到了自己想看到的那部分。

一个很有才华的科学家十分关注节约能源的问题。一次，他应邀和一名舰队司令参观一艘核动力的航空母舰。他们看了几乎所有的发动机和设备。等参观快要结束的时候，科学家对舰队司令说，这艘航空母舰可以更加高效地利用能源，从而节约大量的能源。舰队司令白了这位科学家一眼，然后说道："在底舱里我有两个核反应堆。我所关注的不是节约能源。"

这位科学家分析了周围所有信息，并且得出了自己的结论。但是对一艘航空母舰来说，一名优秀的科学家应该提出更加有意义的建议，而不是给出这个无关紧要的建议。但是那位舰队司令却从整体出发，知道如何在一艘核动力航空母舰理解节约能源的问题。

我们发现，每个人在回答问题的时候都是从自己的角度出发，然而这并不是事情的全部和本质。有时候，事实本身和我们眼中的事实是两回事。

经验的局限往往使我们只从习惯的角度去看待问题，这使得我们看到的仅仅是最常见到的那一部分，以为这就是问题的全部。经验就好像蒙住了人眼睛的那块布。

在开始创造的时候，由于你的创造都是首创性的，因此不会有事物的清晰全貌，这在更大程度上增加了创造的难度。只有经过慢慢地摸索，才能慢慢地了解事物全貌，进而取得有效的进展。

了解问题的根本才能
真正地解决问题

> 准确地表达一个问题往往比回答这个问题更重要。
>
> ——艾尔伯特·爱因斯坦

问题在哪里

19世纪，法国著名的昆虫学家让法布尔和他的同行们被邀请去解决一道难题：法国蚕农遇到了可怕的蚕的瘟疫，那些蚕一到快要结茧的时候，就会一批一批地死去，这使得养蚕业陷入濒临崩溃的局面。这群昆虫学家用了各种办法来解决这个问题，但是却无济于事，蚕的瘟疫依旧在继续。

可是问题必须得到解决。1865年秋天，法国政府又请来了大化学家路易斯·巴斯德，希望他能够解决这个生物界的问题。巴斯德对这个邀请感到十分意外，因为他的专业——化学——跟养蚕是毫不相关的两个领域，他甚至连蚕都没有见过，怎么能解决连法布尔都不能解决的问题

要想真正地解决问题，就要找到问题的根本所在。

呢？但是巴斯德还是答应了法国政府的邀请，并决心一定攻克这一道昆虫专业的难题。巴斯德先去拜访了法布尔，请他给自己讲述有关养蚕的知识。法布尔毫无保留地把自己知道的养蚕知识全部告诉了巴斯德。巴斯德听了之后，向法布尔要了几只蚕茧，然后就告辞了。

这是一项艰苦的工作。巴斯德依旧用他的显微镜作为工具，希望发现真正的问题所在。在进行了各种尝试之后，有一次他发现病蚕的身上都有一种椭圆形的细菌，而好蚕身上却没有。巴斯德马上就注意到了问题出在这些细菌身上。他把那些没有带病菌的蚕卵给蚕农们喂养，而那些蚕再也没有在结茧之前死掉。

化学家巴斯德解决了昆虫学家法布尔不能解决的昆虫问题，只是因为他发现了问题的本质。本质是物体最基本的东西。本质就是事物的主要矛盾，它决定了事物的发展方向。要解决一个问题，最重要的是解决它的本质问题。

一家公司的生产效率始终没有办法得到提高，经理在尝试了各种办法后，决定把这个棘手的问题留给员工们去解决，他要求每个员工就"如何能在不加班的情况下提高生产效率"提出自己的建议，被采纳的建议将得到一笔奖金。

主管和员工们纷纷提出自己的建议。经理把他们的建议分成了以下几类：

加强对员工的督促。

缩短午休时间。

惩罚效率低下者。

严禁上班时间接打私人电话。

当经理开始权衡这些建议的时候，发现建议虽多，但是却没有一个合适的。问题出在哪里？他们的回答都流于表面，没有抓住问题的本质。

击中问题的靶心

在现实生活中有许多类似的例子。当我们在面临一个问题的时候，往往只看到它绚丽的外表、错综复杂的表象，以及眼花缭乱的色彩，而无法看到它本质的东西。

古老寓言故事是这样描述狐狸和刺猬的最大区别的：狐狸知道很多小事，刺猬只知道一件大事。这些小事就是一些无关紧要的表象，而大事即是事物的本质。所有有创造能力的人都应该像刺猬那样，能够做到删繁就简、抓住事物本质，并从中找出简单而深刻的规律。把一个问题比作箭靶，那么靶心就是它的最重要的部分，我们的箭——解决问题的方法——需要正中靶心。

20世纪初，美国福特公司正处于高速发展的时期，客户的订单经常会将客户部塞满。就在这样的重要关头，突然一台重要的电机出了毛病，使得整个车间的工作都停了下来。停机将会对公司造成巨大的经济损失。公司立刻调来了大批检修工人反复检修，又请了许多专家来察看，却总是找不到问题所在。有人提

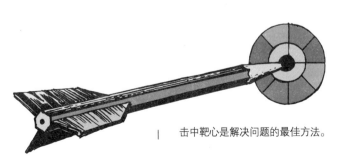

击中靶心是解决问题的最佳方法。

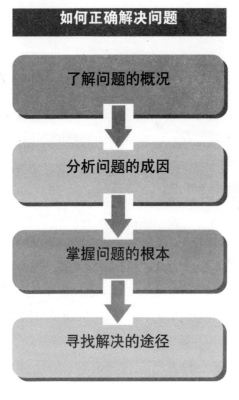

如何正确解决问题

了解问题的概况

分析问题的成因

掌握问题的根本

寻找解决的途径

议去请著名的物理学家、电机专家斯坦门茨帮助，于是亨利·福特派专人把斯坦门茨请来。

斯坦门茨在仔细检查了电机之后，用粉笔在电机外壳上画了一条线，然后对工作人员说："在做了记号的位置把里面的线圈减少16圈。"工作人员照办之后，故障便得到了排除。

福特公司经理非常感谢斯坦门茨，询问他要多少酬金，斯坦门茨说："1万美元。"1万美元！要知道当时福特公司的薪酬口号是"月薪5美元"，而这在当时是很高的工资待遇。但斯坦门茨转身开了个清单：画一条线，1美元；知道在哪儿画线，9999美元。福特公司经理看了之后也马上照价付酬。

抓住问题的关键之后，创造性地解决问题就变成了轻而易举的事情。

第六章

有想法才能有创造

　　独创性并不是首次观察某种全新的事物，而是把旧的、很早就知道的，或者是人们都视而不见的东西当作新事物来观察，这才是真正的创造头脑。没有做不到，只有想不到。当上帝赐给人类一个大脑的时候，肯定没有想到它的力量如此巨大——只要你有需要，就有满足需要的办法。大脑里的知识越多，你进行创造的潜力就会越大。相反，那些头脑里空无一物的人，是不会产生什么联想的。

1

用设想赚钱

我们在本书一开始已经提到过人们都希望用自己的创造力赚钱，现在不妨更加直观一点，进一步指出：大多数人们是希望用设想赚钱。这并不是文字游戏，正像我们已经讨论过的那样，创造力最重要的部分是在想象（思考）阶段，当然实施阶段更为重要。

许多诚实的人都会很坦白地承认这样一句话：有创意的人在事业刚起步的时候，尽量不要想着理想、名望等；多想想金钱，这是最实际的。很多时候，金钱能激发一个人的斗志，但是怎样才能得到它呢？

最简单的方式莫过于用自己的设想赚钱。

1978 年，丹·法尔斯特跟自己的朋友成立了一家个人软件公司，专门为私人电脑编制程序，最初的投资额仅仅为 500 美元。第一笔业务是一家小公司，它要求法尔斯特为它设计进行计划和预算的程序。这笔业务的收入并不可观，但是法尔斯特却看到了这套程序的市场潜力。他劝说他的伙伴们一起进行市场尝试。从那时到今天，这套被称为 Visilalc 的程序已经卖出去 20 万份，目前的年销售额为 3500 万，而且正在持续上升。

一位青年在美国一家石油公司工作，负责检查石油罐有没有自动焊接好。他每天都要重复几百次地进行巡视，这使得他感到十分厌烦。一天，他实在很无聊，于是数了一下，发现焊接一个石油罐盖会滴出39滴焊接剂。他想如果能够减少一两滴焊接剂，一定会减少公司的成本。他开始思考，最后终于研制出了"38滴型焊接机"——这种焊接机使每个油罐减少浪费1滴焊接剂。公司决定采用这种新的焊接方式，这种机器每年为公司节省5亿美元，年轻人因此得到了丰厚的奖励。

这个青年最后掌握了全美石油业的95%的实权。他曾经说："如果把我剥得一文不名丢在沙漠的中央，但是只要一行驼队经过，我就可以重建整个王朝。"实际上，他也是这么做起来的。他的名字是约翰·洛克菲勒——美国的"石油大王"。

金·吉列原来是一名瓶塞售货员。他一直想用自己的设想赚钱，因为这件事情对他来说更加有意思。他一天到晚就在钻研自己的专业知识，想从这方面得到一些灵感，不过没有什么收获。一天早上，他在刮脸的时候，一不小心把脸给刮破了，这使得他突然有了灵感："发明一种方便好用的剃须刀，应该能够赚不少的钱。"他思考了，并且成功了。1895年，金·吉列获得了这种剃须刀的专利权。11年后，吉列开起了自己的公司，在退休时，他已经成为一个非常富有的人。

乔治·纳尔逊的工作是在旧金山造船厂里旋紧甲板的跳板上的每个螺丝。他的工作十分令他生厌，他希望有一个办法能够使他的工作更加轻松一点。"要不干脆来个自动安装器？"他朝着这个方向努力，然后成功发明了自动安装的螺栓焊机，并申请了专利。纳尔逊和他的朋友一起筹办了一个纳尔逊螺栓焊接公司，几年之后，当他把公司卖掉时，他的个人净收入为300万美元。

这些人的经历告诉我们，让自己富有并不是十分复杂的事情，有时只需要自己灵机一动。用设想为自己赚钱，你不需要付出多少成本，但是收益却很巨大。

产生设想的简单方法

> 独创性并不是首次观察某种全新的事物，而是把旧的、很早就知道的，或者是人们都视而不见的东西当作新事物来观察，这才是真正的创造头脑。
>
> ——弗里德里希·威廉·尼采

不断观察

先做一个简单的实验：拿一支笔和一个本子，站在大街上。在纷繁杂乱的景象中随便找一个你观察的对象，把你观察到的东西记下 20 条（动作或变化），然后开始想象。

如果你找到的是一对男女，那么记下来的动作可能有：女人拉男人的手臂；女人摸自己的头发；男人摇头；他朝她侧身；她微笑；他把手伸向自己的衣服口袋；他的目光放到了另一个女人身上……

当你研究这张清单的时候，你可以产生无数的联想：他们是男女朋友？他们的关系很好？他们多久以前认识的？他们的性格如何？她有什么困难吗？他有什么习惯？……

"你能通过观察得到许多。"瑜伽信奉者贝拉说。的确如此，我们的身边、眼前，甚至我们自己随时都在变化，从这些变化中，我们可以经由对自己的经验、思维、想象等东西的加工，得到许多我们想要的东西。

试着用不同于一般人的眼光去看待事物，更加全面地认识这个事物，从不同的角度去看待它，或者借由这个事物产生联想，这些观察事物的方法，都会给我们带来不同的感受。这些感受正是我们设想的来源。

不断思考

世界在人们的思维中运转，人们的脑袋里总是在想着这样或者那样的事情，这些想法包括各个方面：社会、历史、政治、技术、艺术等。无论你有什么样的想法，这些想法可能已经被其他人想过。如果托马斯·爱迪生没有发明电灯泡，那么必定会有别的人来做这样的事情；如果亨利·福特没有发明汽车，亨利·那切尔或者约翰·福特会做到这一点。他们想到的，别人也一定会想到——只是迟早的事情。

产生源源不断的设想是每个人所希望的。在大多数情况下，人们的大脑都有这样的能力，关键看你怎么使用它。

产生设想的简单方法就是开动你的脑筋，去想你需要想的问题。你的大脑会通过各种方法为你找到一个解决办法，有时候会有意想不到的答案出现。你的设想常常会在不经意间油然而生。我们尽管不知道设想是

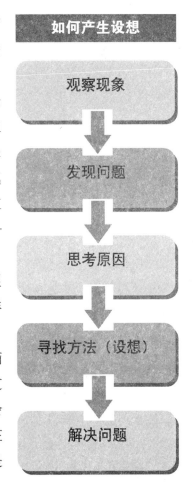

如何产生设想

观察现象

发现问题

思考原因

寻找方法（设想）

解决问题

从哪里来的，但是它确实能够帮助我们解决某些问题。

有时候熟悉的东西反而吸引不了人们的注意力，或者说人们的思考对熟悉的东西有所欠缺，在这方面没有产生应该有的设想。法国商人比尔在 1992 年到中国考察，他听中国友人谈起中国的过年风俗，了解到每年这个时候人们总是会带上礼物走亲访友。他想利用这个机会赚钱。他想出了一个特别的点子，制作出了一个引吭高歌的雄鸡（1993年是鸡年）酒瓶，在瓶里装上法国出产的白兰地。这个别出心裁的想法应景应时，象征意味极其浓厚，使他赚取了瓶子和酒的双倍利润。后来，他又把这种酒销往东南亚等一些华人生活的地方，同样获得了很大的成功，产品几度脱销。

9 美元等于 28 万美元？这并非不可能，只要你有好的设想。一个拿着价值 9 美元的铜块的艺术家在街上叫卖，铜块标价为 28 万美元。他对人们说："如果您将这块铜石做成门柄，那么它的价值可以升为 21美元；如果制成工艺品，那么它的价值可以升为 300 美元；如果制成纪念碑，那么它的价值就是 28 万美元。"华尔街的一位金融家买下了这块铜石，他要求艺术家把它刻成一位成功大师的雕像。

3

好设想的来源

具有丰富知识和经验的人，比只有一种知识和经验的人更加容易产生联想和独到的见解。

——泰勒

知识就是创造力

大多数好的设想是从哪里来的？

创造学家就这个问题对大量复杂的数据进行了统计。他们在统计的过程中发现这样一条规律：在影响创造性发挥的各种因素里，文化和知识的积累至关重要。

也就是说，如果你没有知识（广义的知识，包含经验知识和先验知识），那么去做那些需要知识的事情一定会变得很难（不排除一些特殊的例子），对创造性思维尤其如此。在你工作的过程中，你需要用到的知识越多，就越容易产生创造。

大脑里的知识越多，你进行创造的潜力就会越大。相反，那些头脑里空无一物的人，是不会产生什么联想的。新的创造物通常是与已经有的一些设想、知识相结合的产物。因此，你大脑里存有这样的设想越多，所能进行的联系就越多，因此就更有创造力。

这也就是我们在创造过程的构思阶段中收集信息的一种用意。只有当我们搜集到足够多的有关信息和解决办法的时候，才能寻找出一些新的方法和设想。

你不能在空桶里倒出水来，更别提将它制成别的什么东西了。这就是"知识就是力量"的另一种诠释。

那些天才都有着丰富的知识和经验。达·芬奇熟知包括绘画、建筑、化学等领域的知识；马克·吐温的生活阅历极为丰富，他在印刷所干过学徒，做过船工、矿工，在报馆工作过，而他的笔名（Mark Twain，他的本名是塞缪尔·朗赫恩·克莱门斯）就是取自他在当船工的时候得到的经验：mark 是"测标"，twain 为"两英寻（合 12 英尺）"，"测标两英寻"说明仍是安全水位；爱因斯坦精通本专业和其他许多专业的知识；至于爱迪生，他虽然在学校学的东西不多，但是却通过自学学到了一般人学不到的丰富知识。

美国天文学家安德鲁·埃利科特·道格拉斯想要知道几十年、几百年前的气候变化，可是过去没有人做过这方面的详细记录，他很难从书本上找到自己想要的东西。

有一天，道格拉斯来到一个森林的伐木场，在一家农户的门口看到一个大树桩，然后就仔细地观察着树桩上的年轮。他看了一会儿，然后对主人说："这棵树是 1894 年砍的。"

主人非常吃惊，连声说"是"。

道格拉斯接着说："1883 年以前，这里闹过很多年的旱灾。"

主人对道格拉斯的话十分震惊。

不过，道格拉斯并非猜测，他以前并没有注意到这个问题，但是当他在看到年轮的时候，做了一个大胆的联想：树木的年轮一年长一圈，而且每一圈和前一圈的间隙应该是一样大，但是事实并不如此。

　　很快，道格拉斯就知道是怎么回事了：因为并非每年的气候都一个样——天旱长得慢，因而年轮间隙就小；风调雨顺的时候，年轮的间隙就大。如果连续多年都是好天气的话，那么年轮就会比较均匀。道格拉斯把气候和年轮结合了起来，从树木年轮中研究过去的气候变化。后来他还创立了树木年轮研究室，专门进行这方面的研究工作。

　　道格拉斯创造年轮气候学的关键是什么？他有丰富的气候知识，然后才能产生联想。

　　为了获得更多的知识，得到更多有效的创造资源，赶快充实自己的大脑。

好的设想来自众多的设想

　　那些好的想法往往是从众多的想法中脱颖而出，或者是一些设想组合的结果。这里的关键之处在于我们的确需要想法。如果你的脑海中没有任何设想，就会和没有知识和经验一样，是无法产生创造性设想的。从一个地方产生设想，从另一个地方产生另一个设想，然后把这两个设想联系起来，于是形成了一个具有生命力的、好的设想。

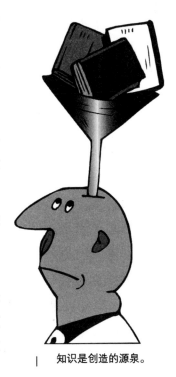

　　亨利·福特发明汽车之前，头脑中已经有了改装后的马车车身和驱动力的设想了，然后他把这两者结合起来，就形成了汽车。爱迪生在发明灯泡之前，已经有了很多的关于发光的方案，最后他选择了用电来发光这种办法。如果没有之前的设想的铺垫，汽车和电灯泡都不可能产生。

知识是创造的源泉。

199

4

寻找创造性设想

> 创造的定义——把以前熟悉的事物以某种方式结合在一起，你立刻可以从中获得比你所投入的要多得多的东西。
>
> ——阿瑟·凯斯特勒

合成的产物

一天，日本索尼公司的名誉董事长井深大碰巧走到了录音机部门，他看到了没有完成的录音机，并对它的音质赞赏了一番。当他得知当时有一群工程师正在努力开发一种轻便耳机的时候，一个想法突然冒了出来。

井深大问道："如果把录音机和轻便耳机结合起来会怎样？至少耳机比喇叭要省电吧？"当他问出这个问题之后，立刻又有了另外一个想法：能不能不要录音装置，而只做一个放音乐的产品？

井深大把这个想法告诉给索尼董事长盛田，并向他建议说："让我们把这些东西凑在一起试试，听听声音如何。"这个小小的请求无伤大雅，于是录音机和一对耳机第一次联系在了一起。

盛田发现了他以前从没有听过的声音。他立刻要求索尼技术人员加紧研制这项产品,到了 1980 年,这种叫作"随身听"的新装置产生了,并立刻成了有史以来最受欢迎的录音机。

有时候我们苦于脑袋里没有新的设想,但是如果我们把原来熟悉的东西加以结合,可能会产生比两者都更加美妙的东西。

在创造性的领域里,那些擅长创造的人们早已深谙这一条技巧。如果我们纵观历史,就会发现全新的事物是很少的,更多的是将陈旧的观点结合起来形成新的事物。电动机和牙刷的结合,产生了电动牙刷;人的耳朵的功能和电磁学的结合,产生了电话;两种不同的眼镜结合起来,就制成了第一副双光眼镜。无怪乎迈伦·S.艾伦说:"结合是具有创造性设想的本质。"而亚历克斯·奥斯本则更加直接地说:"创造就是合成的产物。"

结合的方法

我们主要为大家介绍几种组合的方法。

同物组合

将两种或两种以上相同和相近的事物相组合的方法。这种组合方法的特点是参与组合的事物与组合前相比,没有发生基本性质结构上的变化,只是对其功能上的不足进行了弥补,或者增加了新的功能。

异物组合

将两种或两种以上毫无关联的事物相组合的方法。组合的对象来自不同的功能或者不同的领域,组合后的对象在意义、功能、结构、成分等方面发生了变化,由此形成了一种全新的事物。

附加组合

以某一种事物为主体,附加其他功能的组合方法。这种组合方法能够最大限度地提高原有物品的性能。

重组组合

在事物的不同层次上改变原来的组合方式的方法。这种组合的特点是改变了事物原来各部分之间的相互关系。

让我们以台灯和钢笔为例，寻找创造新设想。

第一步：分析对象的构成方式。台灯可以分为灯泡、灯架和电源线 3 部分，钢笔可以分为笔尖、笔杆和笔套 3 部分。

第二步：列出组合表格如下。

	笔尖	笔杆	笔套
灯泡	灯泡式笔尖	灯泡式笔杆	灯泡式笔套
灯架	灯架式笔尖	灯架式笔杆	灯架式笔套
电源线	电源线式笔尖	电源线式笔杆	电源线式笔套

第三步：讨论和分析。将产生的每一个新的组合进行分析和评价，并对其进行功能上的完善，得出下面的设想（你可以有不同的想法）。

灯泡式笔尖	笔尖上有发光装置，用以照亮写字区域。
灯泡式笔杆	它既能发光，又是笔杆。
灯泡式笔套	钢笔手电筒。
灯架式笔杆	富有艺术造型的笔杆。
电源线式笔尖	测电笔。

5

怎样用你的设想挣大钱

虽然挣大钱不一定是每一个拥有设想者唯一和最重要的追求，但是利用自己的设计赚取一笔丰厚的酬金，这肯定会是让每一个设想者都相当开心的事情，没有人会因为挣了大钱而感到苦恼。

但如何才能利用你的设想挣大钱？

有一个罗马尼亚谚语："你也许会有一个你认为非常好的设计，但是别人却不相信。"显然，这对任何一个创造者都是一种最为悲惨的结果。

在设想没有付诸实施之前，它只存在于你的头脑中。这时，它虽然是巧妙的，但同时也是没有价值的。只有把你的设想卖给别人时，你才能够挣到钱。这是很简单的道理。

设想不是存在于真空中的，它本身不会产生出产品。只有当其他人接受你的设想，它才会变成财富。你可以把你的设计完全卖给别人，或者只出售它的使用权，当然，你也可以用自己的设想来生产销售。

但是，无论你采用何种方法，都将会涉及这 4 个步骤：制造、分配、销售和市场。

这 4 个步骤实际上是两个问题，一个是创造（第一个阶段），一个是销售（后面三个阶段）。在创造过程中，创造者无疑是其关键，他的工作不受任何限制，他可以创造出他所想要创造的东西来。

但是一面临市场，一切都变得不同。产品必须得到市场的认可，才能创造出金钱。商人们花在后者的时间远远多于创造者花在创造上的时间。如果想让产品真正地创造价值，你必须认识并了解市场。

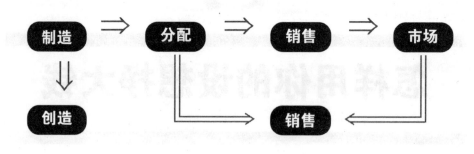

市场检验价值

创造者因为完全沉浸在个人的创造之中，有相当一部分人并没有考虑到产品（或者方案）的市场。他并没有考虑到人们愿不愿意在这种产品上花钱，这种产品是不是适合他们的需要，以及这种产品是不是已经有了分销渠道。

创造和让创造为你带来实际的好处——金钱——完全是两码事，前者可以由你决定，但后者不完全是由你决定的。许多公司花费在新产品的研制、开发和销售上75%的资金都被浪费，因为新产品并没有赢利。美国的工业和商业每年要花费250亿美元进行新产品的研制和开发，这说明并不是产品本身不够好，而是没有得到市场的认可。

所以，当你在创造产品，并希望它能带来利润的时候，应该想到市场。在推销你的设计时，应该使你的介绍跟市场紧密联系起来。

如果你是根据市场的需要来设计产品的，那么你的产品会受到市场的欢迎。拉尔福·沃尔登·爱默森说："如果你写了一本好书，传扬一种好的思想或者发明了一个方便实用的老鼠夹，即使你的房子在树林里，世界也会打开一条直通你门口的路。"

迈克尔·法拉第发明了电动机，他希望自己的发明能够得到英国首相威廉·格拉德斯通的支持。后者绕着这个丑陋不堪的发明看了一圈之后，显得没有多大兴趣。

"这么个简单的东西，"他漫不经心地问法拉第，"有什么用吗？"

"有一天您可以向它征税。"法拉第回答说。

法拉第的回答使他得到了首相的支持，他明白怎么样向别人推销他的产品。

创造者应该做什么

创造者应该如何通过他的产品赚大钱？或者说，在市场中，创造者应该做什么？

首先，你需要得到别人的帮助。因为一个人的精力和优点是有限的，尤其很难同时拥有创造和推销这两种迥异的技能。

其次，改变你自己的心理状态。你必须知道，你在产品上花费了很多精力和时间，非常看重这个产品，但是对别人而言并不如此。你不能凭你自己的喜好去要求别人。

第三，转换你的角色和身份。你已经从一个创造者变成了一个能言善道、精明强干的推销员，市场是你必须要考虑的事情。你必须积极主动地寻找合适的买主，必须经常跟买主进行私下的交流。

第四，做好回答问题的准备。你不可避免地要回答关于你的产品销售和使用的一些问题：你的产品的最大特点是什么？适合哪些人使用？大概需要多少钱？其市场前景如何……你必须对这些问题烂熟于心。

第五，在言行上像一个专家和你产品的发明人。有很多人因为同买主见面时表现太差而与机会失之交臂。你必须知道自己在干什么。你应该随时不忘推销自己的产品，并为它做广告。

6

如何让设想获得成功

想让设想获得成功有很多需要注意的地方，但是最重要的一点是你的设想必须有用。

这是一个前提，没有人会喜欢和接受没有用的设想，哪怕它看上去很有意思。

不实用

斯蒂芬·派尔的《失败者全书》中介绍了一位"最不成功的发明家"。这位因不成功而出名的发明家名叫阿瑟·佩里克，他相当多产，在 1962～1977 年间至少获得了 162 项发明专利。但是，他的上百项专利没有一项被用于商业生产。

其中比较有趣的设计包括：他发明了一种水陆两用的自行车，一种能够在轿车后座驾驶汽车的仪器，还有一种可以控制方向的高尔夫球。

毫无疑问，这种发明和设想除了能博人一笑之外，别无用处。因为没有人会特意把驾驶座空出来，而跑到后座上开汽车。也没有人愿意使用可以控制的高尔夫球比赛，因为这违反规则，而且很不公平。

此外，阿瑟甚至还有一种灌溉沙漠的方法，就是将南北两极的大块冰山运到沙漠上，沙漠会因此而变为绿洲。

不能否认，这位最不成功的发明家并非愚蠢，相反，他的创造力相当高。但是，他之所以成为最不成功的人，主要是他忽略了一个问题：他的发明都不实用。

另一种不实用

设想将冰山搬到沙漠，这是狂妄的想法，谁都能发现它的不切实际。

但是，有另一种不实用同样会导致你的设想毫无意义。这种不实用并不能被很多人发现，而且很多时候，大多数人都会认为这是一个妙极了的设想。但在真正应用时，或者在真的使用者眼中，它会变得相当不实用。

这种"隐蔽性"很强的错误，实际上是导致大部分失败创造的主要原因。

托马斯·爱迪生还是个年轻人时，曾经专门发明过一种计票机，供议会使用。这种机器可以省略填写选票和计票的工作，议员只需要坐在桌子旁，轻轻按一下计票器上的按钮，就可以显示他"赞成"或者"否定"的意见。

不实用的发明创造也是不成功的发明创造。

的确是比较实用而巧妙的发明，爱迪生因此确信这一发明会获得成功。但是，出乎意料的是，他的发明被拒绝了。

接待爱迪生的议员说："你有一个非常好的想法，而且，你也一定是一个很聪明的年轻人。但是，我们不用它。"

爱迪生很吃惊地询问原因。

议员笑着说："这主要是因为你不了解我们的工作方法，年轻人。你知道，议会是受到法律和法规的限制的。在显示投票过程中的讨论和拖延常常是我们最终废除不正确的法律条文的唯一手段。"

爱迪生不由愣住了。他知道，他的发明本身是不错的，但是由于他没有能够去了解更多，这个发明就成为无意义的了。

很多时候，我们的一些设想表面看起来是相当实用而理想的，非专业人士也会对你的想法赞不绝口，但这并不表明你的设想就是成功的。在专业人士面前，它可能一文不值。

因此，当你有一个专业性较强的设想，或者你的设计是专门提供给某人或某部门时，你最好首先变成这方面的专家，或者变成使用者中的一员，设身处地地思考，你的发明到底是不是实用？

为了达到这个目的，你还应当在形成设想和发明的过程中，多多咨询有关人士，以确保每一步都是正确的。

第七章

你的想法付诸行动了吗

　　很多人有自己的想法，但是其中只有少数人把自己的想法付诸实施，使它们成为现实。那些用前所未有的方法去解决问题的点子的确富有创造性，但是从另外的角度来说，如果点子没有被用来解决问题，就一点用处也没有，甚至称不上是点子。即使你只产生了一个想法并把它成功地用于实践，也比你产生了一万个想法却只是空想来得有价值得多。

1

创造过程不是以想法结束

> 很多人有自己的想法，但是其中只有少数人把自己的想法付诸实施，使它们成为现实。
>
> ——安德鲁·默瑟

想法不是整个创造过程

一个伟大的构想完成了。之前，你的脑袋装的全是它，吃饭、睡觉、工作、说话的时候一直都想着它。你曾经为了这个构想殚精竭虑，关在房子里一个多月没有出门。而现在，一切艰苦都已经过去，想到你的构想将要给你带来无尽的财富和荣誉，你的一切付出都是值得的。创造过程结束了！

结束了吗？不妨冷静下来，问问自己。

我们已经详细讨论过创造的过程，在这里可以重复一下：它分为问题阶段、构想阶段和实施阶段。

你上过很多有关游泳技巧的课程，观看过很多游泳运动员精彩的比赛，你甚至在游泳池旁边走了一遍又一遍，但是关键问题是你如果不下水，你永远也学不会游泳。如果你不把鱼钩放在水里，你就永远钓不到鱼。同样，如果你不把自己的设想用于实践，你永远无法使你的想法成为现实。因此，亚历克斯·奥斯本说："创造过程并不是以想法而告结束，它只是开始；创造性的想法只是把想法变成现实这一漫长的过程中的第一步而已。"

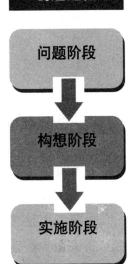

那些用前所未有的方法去解决问题的点子的确富有创造性，但是从另外的角度来说，如果这个点子没有被用来解决问题，就一点用处也没有，甚至称不上是点子。

你用什么来保证你的设想是好的呢？用你自己的想象还是你的自信？即使它现在是个好的想法，谁能保证它下一秒仍然是好的想法呢？

一个叫作阿尼的年轻人非常富有创造性。一天他告诉他的朋友们，他已经想出了一个可以让他富起来的发明。他的发明非常简单：将一些卡片四周打上小孔，使用者用一种预定好的方法刺穿这些小孔，为自己建立自动分类系统。

它实际上是一种手工计算机。问题是即使阿尼认为这是一个绝顶聪明的发明，他的朋友们也这么认为，但是现在计算机已经普遍流行起来了——拥有个人计算机的人们不会需要另一台手工计算机。

阿尼的发明如果比计算机问世早的话，那么它绝对是个好发明，但是那样的机会已经过去了。现在，除了他和他的朋友们，没有人认为这是一个好发明。

古希腊哲学家赫拉克里特说："人不可能两次踏入同一条河流中。"现实永远是在变化的。当你的设想经过很长时间的准备、酝酿、成熟的时候，这个世界已经发生了很多的变化。你的策略或许只是在一定的条件和环境下才能成功，如果你并没有把它付诸行动，那么它可能已经过时了。

赶快行动

一个年轻人曾经捕获了一只小鸟。他用手握着这只小鸟，然后去见山里的智慧老人，他想让这个大家公认为最聪明的人难堪。当站在智慧老人面前的时候，他用手紧紧地握着小鸟，说道：

"老头，我的手里有只小鸟。告诉我，它是活的还是死的？"

智慧老人注视着年轻人手里小小的生命，然后用一种低沉的声音说："答案由你决定。"

是的，在很多时候，我们的设想有无价值，决定权在我们自己的手里。你如果想用自己的设想赚钱，那么就把它付诸实践。将你的设想变成实践越快，你所得到的利益也会越快。这个世界上每时每刻都在不断地冒出新的想法，你的想法不一定就是唯一的。

不管结果如何，最重要的是去做点什么。

诺兰·布什内尔·阿塔里说："最重要的是去做点什么，就那么简单。很多人都有想法，但是却很少有人决定现在去做和他们有关的事情。不要等到明天，就从现在开始。"他的建议是对的。

2

要让你的想法有价值

> 思想活跃而又有目的地去进行最现实的任务，就是世界上最有价值的事情。
>
> ——约翰·沃尔夫冈·歌德

不要只是想法

斯坦利是一个发明家，他在 60 岁的时候第一次发明了一种新的三明治。他一有机会便会向其他人介绍他的发明："在面包里有个口袋，把原料非常整齐地放入其中。"他会一边解释，一边用手比画，"然后你包好三明治，放进冷冻室，等到你要吃的时候，用微波炉加热就行了。"

他津津乐道于他的发明，他的想法看起来不错，有一定的价值，但是他从来没有让任何人看过这个三明治是什么样的。

很多重视实践的人都看不起那些整天沉溺于幻想之中的人们。他们的脑袋里、纸上、电脑里存有无数个很好的想法，但是没有一个是被实践了的。这些富有创意的想法让人十分惊叹，遗憾的是它们只是想法而已。作为想法，无论有多么高明，如果没有被用来解决问题，永远都是没有价值的。

有价值的想法

什么是有价值的想法？被实践证明了的。

曾经有一个广告摄影师想要把埃菲尔铁塔放在自己的广告中。于是他去询问巴黎市政府官员，接洽他的官员告诉他：需要 1 万英镑。

这个广告摄影师认为这不是一个好的想法，于是放弃了。后来，一位作者把埃菲尔铁塔成功地用到了自己书中而没有付钱：他把这个塔戴上了一个帽子。这位作者的想法比广告摄影师的构想有价值多了。

被誉为"现代管理学之父"的彼得·德鲁克说："想法本身并没有价值，只有把这些想法变成行动的时候，它们才会变得有价值。"

那些喜欢构想却不喜欢把它们用于实践的人必须要改变自己的习惯，否则他们就是在浪费自己的聪明才智。如果这些想法没有给我们带来任何好处，它们就会相当于不存在。

即使你只产生了一个想法并把它成功地用于实践，也比你产生了一万个想法却只是空想来得有价值得多。如果你觉得某个想法没有价值，把它扔到一边，因为我们需要把自己的精力集中于已经存在的想法的运用上去。

想法本身并没有多大价值，只有将它运用于实践，它的价值才会有所体现。

3

创造不仅需要沉思，更需要努力

> 天才的 1% 是灵感，99% 是汗水。
>
> ——托马斯·爱迪生

一般人的印象

懒洋洋地坐在一棵舒适阴凉的苹果树下，闭上眼睛开始沉思。一个既不往上、也不往前的苹果，正中创造者的头脑——灵感来了。

灵感是幸运女神带来的礼物。在浴室里、在镜子前、在旅游途中、在挤牛奶的时候，灵感飘然而至。一个灵感让你有了一个好点子，解决了公司一个大问题，使你成为百万富翁，挽救了几千人的生命，使全世界的人们都过上了好日子……瞧，多么轻松。

或者你在办公桌前涂涂写写，跷起二郎腿，没有任何思想准备，你的脑海中突然有了一个好的设想。你的工作不需要计划，没有繁重的体力活，但是却领取更高的工资。真是毫不费劲！

创造真是简单，你只需要沉思就好了。

"天才"们的说法

19 世纪，苏格兰著名历史学家、文坛怪杰托马斯·卡莱尔："天才是忍受无限痛苦的能力。"

最杰出的物理学家艾尔伯特·爱因斯坦："对于我的祖先，我对他们一无所知……好奇、着迷、顽强的忍耐力与自我批评结合起来给我带来了我的理论。"

波兰钢琴家、作曲家、政治家帕岱莱夫斯基："天才？也许吧。但是我在成为天才之前，是个干苦力的。"

天才具备的素质

- 超强的记忆力
- 敏锐的洞察力
- 灵活的应变力
- 吃苦耐劳的精神

最杰出的雕塑家奥古斯特·罗丹："天才？绝对没有那种东西。有的只是用功、方法和不断的计划。"

大文豪列夫·托尔斯泰："天才是指异乎寻常的忍耐力而言。"

俄国戏剧教育家、理论家斯坦尼斯拉夫斯基："没有顽强的辛勤劳动，天才会变成外表漂亮、叮当响的小玩意儿。"

美国杰出政治家亚历山大·汉密尔顿："人们因为我的某些才华而给了我荣誉。所有我的才能都基于这样一个事实：当我有一个问题的时候，不论白天和黑夜，我都会对它进行深刻的思考。我的大脑里装的都是它。我的才能——即我所付出的努力——是劳动和思考的果实。"

创造是艰苦的劳动

在否定这些天才们的"诉苦"之前，不妨看一看创造的各种困难——

创造者需要克服这些苦难才能有所创造，这些困难我们在本书中的其他地方已经提到过。

恐惧

连续的错误会使我们不断地失去信心，创造失败会带来严重的后果，各种规则会束缚你的思维，如果你没有足够的勇气面对它们，你将无法创造。

打破规则

并不是所有人都能够做到这一点。

突破思维定式和专业限制

人最大的敌人就是自己，思维定式和惯性思维不会放过任何一个左右我们思想的机会，战胜它们十分困难。专业限制使我们看不到更远的地方。

问题本身的难度需要我们花费大量的精力和时间，更何况要用创造性的方法。

任何灵感的来临都是自然而然的结果，它经过巨大的努力和长期的酝酿。没有巨大的努力作为基础准备，根本不可能产生灵感。灵感的飞跃是心理、意识由量变到质变的结果，它并不是突如其来的，我们所看到的"轻松"，是它们的表象。

因此，请记住：创造不仅需要沉思，更需要你付出艰苦的工作和努力。

创造的 5 种方法	
偶然发现法	抓住日常生活中偶然现象的特点创造发明。
联想发明法	通过对已知事物的进一步联想进行创造发明。
移植发明法	把已知的原理和部件运用到新的发明上来。
逆向思维法	运用逆向思维分析问题。
缺点列举法	寻找克服事物缺点的方法，即是创造的过程。

4

一个切合实际的设计首先应该是有用的

> 如果你把城堡建在空中……那么你就应该住在那里。让我们还是先为城堡打好地基吧!
>
> ——亨利·梭罗

让设计有用

拥有一家很大的樱桃园的杰里·哈思科尔每年都害怕收获的时候,因为要找人帮忙摘樱桃是一件很困难的事情。但他不得不这样做,因为樱桃成熟的时候需要尽快摘取,否则它们就会烂在树上。

这一年,杰里终于决定自己来发明一种樱桃收割机,以结束这桩麻烦的雇人工作。杰里的确有创造的才能,在投入了一定的资金和时间后,一台精心制作的、复杂的装置诞生了。杰里感到如释重负,他终于不用为摘樱桃的事情烦心了。

不过,当他在使用和推销这台樱桃收割机的时候却遇到了麻烦。

他和那些未来的客户都明白地看到了一点：使用这台机器非常麻烦，程序也十分烦琐。那些种植者宁愿用人力来采摘樱桃，也不愿意使用这台不实用的机器。

一个切合实际的设计首先应该是有用的。

杰里在用了几次之后，做了几次改进，发现没有办法使这个发明变得简单，于是就把它扔到了一边。现在，这台富有创造性的机器仍然是独特的，不过已经被闲置在田里，并且已经严重锈蚀。杰里的工作都白费了。

一件花费了自己许多精力和时间，被自己寄予厚望的发明，到头来却没有被任何人（甚至包括自己在内）接受,这真是令人遗憾的事情。为什么产生这样的结果？我们已经看了出来：虽然它显露出了创造者的才能，但是这个发明很明显是无用的。

人们头脑里的大部分设计都很美好，但是却并不见得有用，因此最好能够想办法把它们变成对人们有用的东西。一个切合实际的设计首先应该是有用的。只有当它可以被使用的时候，它才会显示出它的价值。当然，对创造者来说，无论你的创造实际价值如何，它都是有用的——至少可以反映创造者的聪明才智，但是如果它对使用者（可能也包括创造者）没有任何实际用处的话，那么它也就不会有任何实际的价值。因此，在这种情况下，这个创造也不会给创造者带来任何商业性的回报。

评价标准

为了使某个发明既能反映发明者的创造力，又能得到使用者的认可，从而为自己创造商业价值，在发明之前最好能够对其进行评估。

这个设计是不是解决问题的答案？

很多富有创造力的人都能轻易地指出问题的错误是什么，但是却不能指出真正的问题出在哪里，因而就不能有效地解决问题。他们的设计往往只是问题的一种表现，而没有抓住问题的本质。

这个设计是不是符合人们的需求？

人们的需要是现实的，你必须能够满足人们的某种需求。

这个设计将会有哪些人购买？

试着去分析购买者的特点，以便使产品具有针对性。试着从下面这些方面来具体分析：他们生活的地方；他们购物的习惯；他们的年龄和性别；他认为什么最有价值……

你测试过自己的设计吗？

找到部分你预期中的使用者，就你的设计对他们进行测试。

你的产品价格是不是很合适？

考虑到你预期中的使用者可以承受的价格，确定一个最合适的价格。

你设计的产品是不是已经配有相关的配件？

很多设计者并不关心产品的配件，他们的注意点都在主体产品上。这给使用者带来很大的不便，从而影响他们购买这个产品。

5

你有多大的恒心

> 什么是成功的秘诀？很简单，无论何时，不管怎样，我也绝不允许自己有一点点灰心。
>
> ——托马斯·爱迪生

等待被接受

在创造的时候，我们不仅在构想阶段要战胜许多困难，而且在把设想付诸实践的时候也相当困难。有一些设想会被立即接受，它们从孕育到发明到实践仅仅用了几个月的时间，但是有些设想却没有这么幸运。以下是一些发明从创造出来到被用于生产的时间：

圆珠笔——7 年

速溶咖啡——22 年

抗生素——30 年

拉链——30 年

让我们想象这期间的艰难过程。你得到了一个绝好的灵感，花了很多时间在它身上，然后你把它完善了。你为自己终于有了一个伟大的发明而兴奋不已，而且你确信它能够给人们带来某个方面的好处，另外，它的确是一个切合实际的发明。

但是当你打算说服别人来相信并使用它的时候，你被拒绝了。要命的是，你不断地推销，不断地遭到拒绝。一个星期过去了，你开始对自己的产品感到怀疑；一个月过去了，你陷入了深深的忧虑之中；一年过去了，你重新找回了对你产品的信心，但是你对现实世界却已经灰心了……你总是在失败，直到几十年后。

作为 19 世纪美国伟大的作家之一，同时也是美国历史上最为命运多舛的作家，埃德加·爱伦·坡的一生在与命运的搏斗中度过。他的大部分著作都曾经被视为酒鬼、瘾君子和疯子的作品。《乌鸦》一书在出版之前，他曾经先后向 40 多家出版商投送过这本书稿。幸运的是，他现在已经被认为是和马克·吐温齐名的优秀作家了。

我们大部分人并没有爱伦·坡那么不幸，也没有他那么幸运。爱伦·坡不幸和幸运的原因都在于他自己坚持自己的原则。当时，他的推理和恐怖小说最广为人知，而爱伦·坡最看重的是自己的诗，可惜在当时并没有获得应有的评价。不过，被评论界排斥的爱伦·坡对自己却毫不怀疑，他在散文诗《我发现了》中写道："我可以花一个世纪来等待读者……"

如果你相信自己的创造终会给人们带来幸福和美好，你愿意花多少时间来等待它被接受？你有恒心吗？

唯一的利器

耶鲁大学的乔治·戴维森教授有一段广为人知的传奇经历。年轻时候的乔治有一个梦想，他希望能够改变世界，服务于全人类。为了达到这个理想，他知道自己需要接受最好的教育，而美国是他最理想的去处。

　　对当时的乔治来说，身无分文却要到 1 万公里外的美国去，简直就是天方夜谭。不过，他还是出发了。他徒步从他的家乡尼亚萨兰的村庄出发，准备穿过东非荒原到达开罗并从那儿乘船抵达美国。他一心想的是到达那个可以帮助他掌握自己命运的国家，其他的一切他都可以置之度外。

　　他一开始就遇到了极大的困难。在崎岖的非洲大陆上，他用了 5 天时间，才艰难地跋涉了 25 英里。他的食物已经吃完，水也已经喝完。他身上什么都没有了。可是他还需要继续前进几千英里。回头吗？还是拿自己的生命赌一把？乔治知道，回头就是放弃，就是回到贫穷和无知，而他不想这样。他相信自己能够克服这些困难，达到自己的目的地。他对自己说：继续前进，除非我死了。

　　他继续孤独地前行。他常常席地而睡，以野果和其他植物维持自己的生命。旅途使他变得瘦弱不堪。由于极度的疲惫和近乎绝望的灰心，几次他都想放弃。但是他每当这时，他就给自己鼓气。于是，他一次又一次地战胜了自己的怯懦，充满信心地继续前进。

　　经过种种磨难和痛苦，两年之后——1950 年 10 月，乔治终于来到了美国。他骄傲地跨进了斯卡济特峡谷学院的大门。

　　在很多时候，恒心是成功的关键。如果因为挫折和失败而放弃了自己最初的想法，放弃了自己继续推销的行动，那么世界上至少有一半的发明不复存在。正是因为那些发明

在任何困难面前，恒心是唯一的利器。

223

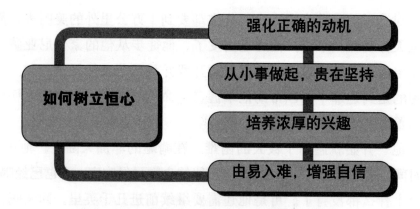

家坚持不懈地推动自己的发明用于实践，被更多人接受，才会有他们最后的成功。当然，我们的困难大多数时候不至于像乔治·戴维斯年轻时候遇到的困难那么巨大，但是也需要像他那样不达目的誓不罢休的恒心和毅力。

哈伦德·桑德斯上校退休的时候，已经65岁了。这个军人当时并没有给自己留下多少积蓄，只得依靠救济金过活。不过，他并没有像大多数老人一样无所事事，而是想到做点什么有意义的事情。年迈的桑德斯上校想到了自己的一份独家炸鸡秘方，于是开始创业。他想用自己的秘方和餐馆合作，并从餐馆获取的利润中抽成。

这个想法是好的。但是它实施起来却遇到了困难——没有多少人对这个老头儿的秘方感兴趣。他们对桑德斯上校嗤之以鼻："得了，如果有这么好的秘方，你干吗还穿着这样可笑的服装。"

这位老军人开着他的破吉普车走遍了几乎全美国，挨家挨户地推销他的炸鸡秘方。他经常在车里过夜，睡觉醒来的时候逢人便推销他的秘方。当他拿到第一笔订单的时候，他已经失败了1009次，幸运的是，在1010次时他成功了。

当你把你的设想公之于众却遇到困难的时候，恒心是你成功的唯一利器。

6

获得期待和支持

> 人们在一起可以做出单独一个人所不能做出的事业；智慧、双手、力量结合在一起，几乎是万能的。
>
> ——简·韦伯斯特

获得期待

心理学家认为，5 年后我们将成为的那个人，决定于我们以后会遇到什么书和什么人。基于这一理论，我们应该寻找和邀请一些富有创造性的人进入到我们的生活中来，以便使我们保持鲜活的创造力。周围的人能够给我们的静态世界带来新的能量。

创造是一种孤独的、封闭的劳动，不过，当你成功地吸引了人们的注意力之后，你将不会感到孤独。在把你的设想用于实践的时候，你同样需要得到别人的期待，以激发你的潜能。在别人的关注下，你的信念会更加坚定，从而使你的创造性实践能够更加顺利地开展。

不管你从事什么样的创造，你都需要获得别人的期待，以激发自己的潜能。如果你是一位作曲家，你需要得到你的听众和音乐同行的支持：意大利诗人、剧作家达·庞蒂曾经为莫扎特的 3 部歌剧写过脚本，并在他一生的其他时间里关注着这位天才音乐家的工作，给后者带来了莫大的慰藉和鼓舞；麦卡尼和列侬，这两位披头士的成员，一起创作了该乐队的许多歌曲，在最艰难的时候相互支持；在中国，古代历史中的俞伯牙为了"知音"钟子期的死去而不再弹琴……

在人们的印象中，20 世纪获得最多荣誉的音乐家之一伊戈尔·斯特拉文斯基似乎是一个与世隔绝的、专注的、精力充沛的作曲家，但是事实并不如此。在他早年的时候，他曾经被乐团经理人谢尔盖·达基列夫所关注，并被后者寄予厚望。在这种条件下，这位年轻的作曲家才能够写出像《春之祭》、《火鸟》等伟大作品。通过达基列夫的关系，他和众多的音乐界、艺术界、文学界名人相识相知：W.H.奥登、帕布罗·毕加索、简·哥克顿、安德烈·纪德……这些人都对这位音乐家惺惺相惜，对他寄予了很大的期待和鼓励。这成为斯特拉文斯基创作和将创作公之于众的毅力和勇气。

每个人内心都对自己充满了怀疑，

你将来成为什么样的人取决于你现在和什么人在一起。获得期待对创造力的影响至关重要。

急切希望得到别人的认同。那些创造性的人们更是如此，他们希望自己付出的努力是被认可和值得的。我们希望通过别人的认可来确认自己的路是正确的，而不是在浪费时间。

著名电影导演比利·维尔德说："如果我喜欢某种东西，就会很自作聪明地认为别人也会喜欢这样东西。"我们有时候的确会犯这种自高自大的毛病，对别人的意见不屑一顾。但我们必然会经历这样一个阶段——需要靠别人的认可来得到自信，因为那是我们熟悉规则的阶段。在我们不断地成熟的过程中，随着年龄、知识的增长，我们的自信和判断力也在不断地增强。对于自己的创造，我们有自己明确的判断，会知道自己做得好还是不好，而且这个标准会跟世俗的标准不同。换句话说，我们渐渐地变得"独立"了。

这并意味着别人的认可和期待对我们已经没有影响。这就好像一些穷困潦倒的艺术家一样，他们矢志不渝地追求自己的艺术，抛弃了许多可以通过与现实的妥协来使自己富有的机会。但是如果能让他们在维护自己原则的前提下使生活过得更好，他们多半是不会拒绝的。同样，如果我们既能得到自己的认可，又能得到别人的认可和期待，岂不是两全其美的事情？别人的期待和认可一定会使我们的创造过程变得相对来说轻松、愉快一些，从这种意义上来说，获得期待是促使创造成功的技巧之一。

获得支持

任何一项创造的事业都需要具备两个重要的条件：一个好的想法及其正确的实施。一个没有直接得到别人帮助的（事实上每个人都至少间接地受到别人的帮助）、相对独立的人可以产生一个突破性的好想法，但是在没有人帮助（直接的）的情况下去实施它，是完全不可能的事情。因此，一个人如果无法获得周围人的支持，他就无法成功地创造。这好像一句格言所说的那样："我不得不亲自动手，但是却不能独立完成。"

你必须亲自动手，却不能独立完成。

中西能源公司的雇员们经常在佩科斯河学习中心进行合作项目训练。在进行一种模拟的攀岩训练时，攀登者需要登上一道 50 英尺高的陡峭的、整齐地布满尖状物的墙壁。每次需要上 3 人，而他们是被粗绳绑在一起的。

"我们真正需要彼此支持，"一位雇员说，"互相鼓励，伸手来帮助别人。当我们陷入困境的时候，我们会发出求救信号，并得到帮助，我们在得到帮助后会做得更好。这就是得到支持的好处——3 个人克服困难，最终爬到了他们任何一人都不能单独达到的高度。"

爵士乐队的成员们在创新的热潮中是抱得最紧的。乐队里的每个队员都是独立的，即使他们为同一支曲子创作。每当开始工作的时候，这些队员相互帮助和支持，干得更加出色，就好像一块块铁片相互摩擦，从而使得每一块铁片都变得更加锃亮一样。

在不影响我们基本判断的前提下，我们的确需要别人对我们的实践活动提出一些意见，经过自己的思考和判断之后决定采纳或舍弃。在我们选取希望在他们身上得到帮助的人时，有以下一些基本原则可供参考：

有某方面的才能。他们拥有一定的判断力，并不只是会夸夸其谈。

了解我们的工作。他们知道我们创造的目的。

跟我们没有竞争关系。他们的意见是中肯的。

曾经为某些人提出过不同意见。他们能够做到直言不讳。

现在，让我们看看自己的周围，有哪些人可以让你获得帮助？把他们挑选出来，变成你的创造的"智囊团"，在把你的设想用于实践的时候，不要忘了让他们参与进来。